技工院校公共基础课程教材

LAOMO GONGJIANG Z

劳模工匠之光

主　编：李　珂　李悦群

中国劳动社会保障出版社

图书在版编目（CIP）数据

劳模工匠之光 / 李珂，李悦群主编. -- 北京：中国劳动社会保障出版社，2025. --（技工院校公共基础课程教材）. -- ISBN 978-7-5167-7032-0

Ⅰ. B822.9

中国国家版本馆 CIP 数据核字第 2025JL2096 号

中国劳动社会保障出版社出版发行

（北京市惠新东街 1 号　邮政编码：100029）

*

北京华联印刷有限公司印刷装订　　新华书店经销

787 毫米 ×1092 毫米　16 开本　8 印张　142 千字

2025 年 7 月第 1 版　　2025 年 7 月第 1 次印刷

定价：22.00 元

营销中心电话：400-606-6496

出版社网址：https://www.class.com.cn

https://jg.class.com.cn

目　录

绪 言

智能工厂的机械臂精准舞动，数字孪生技术重构生产流程，量子计算与人工智能重塑未来产业图景……这是一个理论研究向纵深发展、科学技术日新月异的时代；这也是一个技术技能变革奔涌、新质生产力蓬勃发展的时代；这更是一个劳动光荣、技能宝贵、创造伟大的时代。当新一轮科技革命和产业革命浪潮席卷全球，我国正以中国式现代化全面推进强国建设、民族复兴伟业。

在这片文明古老又充满生机活力的热土上，无数劳动者用双手与智慧书写中国传奇，各行各业涌现出了一大批胸怀实业报国、制造强国理想的杰出劳动者，一大批爱岗敬业、争创一流的劳动模范，一大批执着专注、追求卓越的大国工匠。他们在劳动中成就精彩人生，在奋斗中托举国家和民族的梦想。新征程上，我们比历史上任何时候都更需要高素质、高层次的技能人才。新时代青年学子技能成才、技能报国，路在何方?

路在脚下，始于平凡岗位与卓越匠心的“价值共生”。有人问：“一线产业工人能创造什么价值?”劳模工匠用行动给出了最生动的答案——缔造“太空之吻”的王曙群，用三十余年的坚守诠释“毫厘之间定乾坤”；“国之重器”锻造者刘伯鸣，扎根车间，摘下中国核电技术的璀璨明珠；“90后”大国工匠田得梅，于方寸之间运转天车，把匠心刻进千吨巨物……成为新时代劳模工匠，既需要脚踏实地的耐心，也需要仰望星空的追求。平凡岗位不是职业的终点，而是技术技能提升的起点；车间不仅是工作的空间，更是孕育未来劳模工匠的摇篮。

路在前方，通往技能提升与创新创造的“双向奔赴”。当前，制造业正加速向产业自动化、智能化、数字化转型，对技术技能素养要求越来越高，呼唤更多技能人才成为创新驱动发展的骨干力量。每一项技术研发、每一次技术应用、每一轮技术变革，都离不开技能人才的钻研、创新、传承。如切如磋、如琢如磨，“拼命三郎”洪家光突破航空发动机“卡脖子”的技术难关；以智能化赋能电表检定，黄金娟让“中国标准”成为“世界标准”；深挖底层技术、不断迭代优化，彭菲将自己的算法跑在国产芯片上……新时代的技术技能提升之路，已从“熟能生巧”走向“巧能生智”。今天的劳模工匠，既是熟练使用新质生产工具的实践者，更是驾驭数字劳动的创新者。

时代在召唤，青年学子要让个人理想与时代主题“同频共振”。科技是第一生产力，人才是第一资源，创新是第一动力。技能报国，从来不是空洞的口号。当李万君用一把焊枪铸就高铁的“中国速度”，他完成了“劳模家庭”的世代传承；当秦世俊亲手加工过的零件装配在国产大飞机上，他的童年梦想与大国荣耀一起翱翔蓝天；当文物修复师李云鹤耄耋之年仍守护敦煌壁画，他坦言自己的责任就是与时间赛跑……千工易寻，一技难求。当你把对技术技能的精益求精倾注于每一道工序、每一个零件、每一次试验，总会看见理想之光照进现实。当个人奋斗融入国家需求，焊枪也能书写史诗，画笔亦可描画山河。

功以才成，业由才广。目前，全国技能人才超过 2 亿人，高技能人才超过 6 000 万人。一支有理想信念、懂技术创新、敢担当讲奉献的高技能人才队伍，正在用一张张惊艳的答卷，向世界展示新时代我国技能人才队伍建设的斐然成就。青年学子代表着中国技能的未来，在技行天下的新时代，技术技能水平有多高，人生的舞台就有多大。愿广大青年学子做劳模工匠之光的追光者，做伟大时代的奋斗者，不断提升本领，攀登技能高峰，走好技能成才、技能报国之路，为强国建设、民族复兴伟业注入澎湃的青春力量！

第一单元
民族大厦的基石

劳模工匠是通过辛勤劳动和突出贡献，被社会广泛认可并受到党和国家表彰的杰出劳动者。劳模评选更加侧重劳动者的模范带头作用和社会影响力，工匠评选则更加侧重对技能的追求和对技艺的精进。在劳动模范之中，有许多工匠型人才，他们都是劳模精神、劳动精神、工匠精神的践行者和传播者。在我们国家革命、建设、改革等各个历史阶段，劳模工匠始终是一个闪耀的群体，他们在劳动中成就自己的人生价值，托举国家和民族的梦想。

劳动模范是民族的精英、人民的楷模，是共和国的功臣。

——2020 年 11 月 24 日，习近平在全国劳动模范和先进工作者表彰大会上的讲话

大国工匠是我们中华民族大厦的基石、栋梁。

——2024 年 3 月 5 日，习近平参加十四届全国人大二次会议江苏代表团审议时的讲话

2025 年 4 月 28 日上午，人民大会堂大礼堂里气氛庄严隆重。庆祝中华全国总工会成立 100 周年暨全国劳动模范和先进工作者表彰大会隆重召开，1 670 名全国劳动模范和 756 名全国先进工作者与党和国家领导人欢聚一堂。

“劳动模范和先进工作者是人民的楷模、国家的栋梁。长期以来，一代又一代劳动模范和先进工作者在促进事业发展、推动时代进步中发挥了示范引领作用。”在全场热烈掌声中，中共中央总书记、国家主席、中央军委主席习近平发表重要讲话，高度评价劳动模范和先进工作者的重要地位与重要作用。在 2020 年的全国劳动模范和先进工作者表彰大会上，习近平总书记褒扬劳动模范是“民族的精英、人民的楷模，是共和国的功臣”。

从强调“全社会要崇尚劳动、见贤思齐”，到要求“切实实现好、维护好、发展好劳动者合法权益”；从提出“为劳动者成长创造良好条件”，到强调“畅通技能人才职业发展通道”，总书记的一席话与每一位劳动者紧密相关。

在 2024 年全国两会期间，习近平总书记高度肯定了大国工匠的地位和作用。在审议现场，全国人大代表、中车南京浦镇车辆有限公司电焊工孙景南发言，谈到自己对大国工匠的理解：“‘匠’字就是在专业领域中对自己

'斤斤计较'一点儿，历经磨砺方能实现突破。"习近平总书记点头赞许："大国工匠是我们中华民族大厦的基石、栋梁。新中国成立以后，我们一穷二白，从无到有，引进消化吸收再发展，自力更生、艰苦奋斗，搞出一个独立自主的制造业基础。"抚今追昔，总书记感慨道："这里面很重要的就是工匠。光图纸设计得好还不行，最后要落实到焊工手里，没有世界顶级一流的水平，不可能做出最好的装备。所以，我们要实实在在地把职业教育搞好，要树立工匠精神，把第一线的大国工匠一批一批培养出来。这是顶梁柱，没有金刚钻，揽不了瓷器活。"

学有所思·学有所得

在专业领域对自己斤斤计较，既是一种严谨的态度，也是一种精确的标准，更是一种执着的追求。但也有人认为，斤斤计较是"自找麻烦"。

日常学习生活中，你会对自己"斤斤计较"吗？

党的十八大以来，习近平总书记深情礼赞劳动创造，关心关爱劳模工匠，多次发表重要讲话，勉励广大劳动者，讴歌劳模精神、劳动精神、工匠精神，引领推动全社会弘扬劳动光荣、技能宝贵、创造伟大的时代风尚。到地方考察调研时，他多次走进车间班组、生产一线，看望慰问劳动群众。在江西景德镇，总书记与一位老师傅交谈，赞许他"是这块土地孕育的传承人，是工匠精神的写照"。在四川三星堆博物馆新馆，听完关于神坛底座修复过程的详细讲述，总书记由衷赞叹："这个工作不容易！发扬慢工出细活的精神，慢慢来，久久为功，搞成一件是一件。"在江苏南瑞集团的生产车间里，面对朝气蓬勃的企业员工，总书记勉励他们："以十年磨一剑的韧劲，以'一辈子办成一件事'的执着，攻关高精尖技术，成就有价值的人生。"

谆谆话语、殷殷嘱托，鼓舞奋斗志气，指明前进方向。在以中国式现代化全面推进强国建设、民族复兴伟业的新征程上，光荣属于劳动者，幸福属于劳动者！

第一课　与祖国同成长

中华民族自古以来就是一个崇尚劳动、勤于劳动的民族，创造了灿烂悠久的中华文明史，产生了一大批对社会进步作出突出贡献的杰出劳动者。新中国成立之后，国家将劳动者群体表彰纳入国家荣誉表彰体系，给在平凡工作岗位上创造非凡成绩的劳动者以“国之礼遇”。

新中国首次全国劳模表彰

学有所思 · 学有所得

在此次会议上，赵占魁、甄荣典、李永等当时人们耳熟能详的模范人物获得表彰。

你知道他们的故事吗？上网查一查并与同学们分享。

1950 年 9 月 25 日，中共中央和政务院在北京中南海怀仁堂召开第一次全国工农兵劳动模范代表会议，共有 464 人获得表彰。从这一天起，“全国劳动模范”的称号正式出现在共和国的历史上，成为见证杰出劳动者汗水与荣光的崇高荣誉。“我代表工人阶级向您敬酒，为您的健康干杯！”在几天后举行的国庆招待会上，机械工人马恒昌向毛泽东主席敬酒。毛主席也举杯示意：“为了工人阶级幸福干杯！”并同他热情握手。一同参加这场盛大的国庆招待会的还有 400 多位新中国首届全国劳模。

“马恒昌小组”的成立要追溯到新中国成立之前。1948 年 11 月，沈阳解放。马恒昌所在的汽车厂被改组为沈阳第五机器厂。在敌机不断骚扰轰炸的情况下，马恒昌所在的班组奋不顾身地完成一批批军工生产任务，并以优异的成绩于 1949 年 4 月 28 日获得“生产竞赛模范班组”的红旗。在授旗会上，班组被正式命名为“马恒昌小组”，这是第一个以工人名字命名的先进班组，被誉为“我国班组建设的摇篮”。“马

马恒昌（左二）向工友们介绍工作技术和经验（图片来源：新华社）

恒昌小组”引领并推动了一场席卷神州大地的“马恒昌小组运动”。

1951 年 1 月，“马恒昌小组”通过《工人日报》向全国职工发出了开展爱国主义劳动竞赛的倡议，得到全国 1.8 万个班组的积极响应，许多企业劳动生产率成倍甚至十几倍地增长，促进了国民经济迅速恢复。从 1950 年到 1976 年，马恒昌共 13 次受到毛主席的亲切接见。马恒昌曾说，“要想当好头，就要带好头”，“喊破嗓子，不如做出样子”，“工人阶级要用自己的模范行动来带动全国人民建设社会主义”，他用自己的行动践行诺言，从而赢得了国家的最高赞许和人民的共同记忆。

“马恒昌小组”的工人们正在进行班后评比（图片来源：新华社）

新中国成立初期，广大劳动人民成为国家的主人，焕发出极大的生产建设热情。在那个激情燃烧的岁月，各条战线的机器轰鸣声不绝于耳，共和国几乎每一天都在发生着新的变化。由于当时工业生产技术水平普遍低下，物资较为匮乏，国家提倡在生产劳动中避免浪费、减少成本、快速恢复经济。在这样的背景下，新中国成立初期的劳模工匠立足岗位、艰苦奋斗，追求增产节约、无私奉献，他们身上彰显的精神特质，也成为人们普遍接受的劳动价值观。

学有所思 · 学有所得

当时劳模工匠身上的特质与你理解的新时代劳模工匠品质有哪些异同？为什么会有不同之处呢？

人物小传

马恒昌（1907—1985）

生前系黑龙江省齐齐哈尔第二机床厂总机械师、党委副书记，“马恒昌小组”创始人，荣获全国劳动模范荣誉称号，2009 年被评选为 100 位新中国成立以来感动中国人物。

马恒昌提出的“工人参与企业管理，做企业主人”，依靠“劳动竞赛、民主管理、技术革新”三大法宝的理念，开创了中国工业企业班组建设的先河。他创造了一整套工作制度和工作方法，带领小组先后实现革新成果 1 174 项，实施先进技术 151 项，推广先进操作法 102 项。

持续为祖国建设“加油”

王进喜（左二）和工人们一起钻井（图片来源：新华社）

像“马恒昌小组”一样，数十年来不断为国家发展和社会进步作出重要贡献的还有“铁人”王进喜和他的1205钻井队。王进喜率领1205钻井队以“石油工人一声吼，地球也要抖三抖”的豪迈，以“宁肯少活二十年，拼命也要拿下大油田”的顽强意志和冲天干劲，为社会主义建设立下了汗马功劳。

石油，被称为“工业的血液”，是国家建设中极其重要的战略资源。新中国刚成立时，国民经济基础薄弱。1959年，在玉门钻井队工作的王进喜作为石油战线的劳动模范到北京参加群英会。休会期间，他看见北京街头因缺油而背上煤气包行驶的公共汽车，打心眼儿里感到歉疚。他后来说：“北京汽车上的煤气包，把我‘压醒’了，真真切切地感到国家的压力、民族的压力，呼地一下子都落在了自己肩上。”听说东北发现了大庆油田，他马上提出参加石油会战的申请。1960年，王进喜率领1205钻井队从甘肃玉门赶赴黑龙江大庆。

当时大庆油田的环境十分恶劣，设备和技术也比较落后，石油开采工作异常艰难。面对重重困难，王进喜说：“有条件要上，没有条件创造条件也要上！”钻机设备到了，吊车不够用，几十吨的设备压在火车上不能及时到位，王进喜就带领全队人拉肩扛代替机器装卸，把设备架设在了茫茫荒原上。攻坚期间，他连续苦干三天三夜，从未离开过车站和井场。

有一次，王进喜受伤住进医院，不等恢复好，他就拄着双拐到现场指挥打井。当钻探深度约700米时，突然发生井喷。由于井场缺乏用于压井的重晶石粉，团队不得不采用填充水泥的方法来控制井喷。然而，现场并没有搅拌器，导

学有所思 · 学有所得

有人说：“万事干为先，不能等所有的条件都准备充分了，再去干工作。”

你是否在条件不完全具备的情况下，成功完成过某项任务？你觉得取得成功的关键是什么？

致加入的水泥无法均匀混合，直接沉入井底。王进喜毫不犹豫地扔掉拐杖，奋不顾身地一跃而入，用身体搅拌泥浆，终于压住了井喷，保住了钻机和油井。1960 年 6 月 1 日，大庆油田运出了第一批原油，以王进喜为代表的广大石油工人在极端困苦的条件下，向党和人民交出了优异的答卷。在持续 3 年多的石油会战中，大庆累计生产原油 1 160 多万吨，让我国石油基本实现自给自足。

王进喜用血肉之躯搅拌水泥砂浆（图片来源：新华社）

以王进喜的生平事迹为载体，形成了以“爱国、创业、求实、奉献”为主要内涵的大庆精神和铁人精神。“为国分忧、为民族争气”的爱国情怀；“宁肯少活二十年，拼命也要拿下大油田”的无畏气魄；“有条件要上，没有条件创造条件也要上”的奋斗意志；“干工作要经得起子孙万代检查”和“为革命练一身硬功夫、真本事”的求实态度；“甘愿为党和人民当一辈子老黄牛”的奉献精神，凝结成了宝贵的精神财富。在铁人精神的感召下，大庆油田造就了一批顽强拼搏、敢打硬仗、勇创一流的铁人式钢铁队伍。从石油大会战时期延续至今，铁人精神依然激励着一代又一代的中国人。

人物小传

王进喜（1923—1970）

生前系大庆油田 1205 钻井队队长、钻井指挥部副指挥，荣获全国劳动模范荣誉称号，2009 年被评选为 100 位新中国成立以来感动中国人物。

王进喜率领 1205 钻井队“有条件要上，没有条件创造条件也要上”，人拉肩扛运钻机、破冰取水保开钻、勇跳泥浆池治井喷，以顽强意志和冲天干劲，打出了大庆石油会战第一口油井，创造了年进尺 10 万米的世界钻井纪录。他把一生献给了我国石油工业，为新中国社会主义建设作出了突出贡献，被誉为“铁人”。铁人精神已成为中华民族的宝贵精神财富，被纳入第一批中国共产党人精神谱系。

激励更多人做新时代奋斗者

英雄从未远去，英雄精神永不过时。马恒昌和王进喜这样的模范事迹，是许许多多劳模工匠干事创业、发挥才干、催人奋进的缩影。先锋模范的劳动姿态定格在历史长河中，他们的精神品质如同不灭的火炬代代相传。正如习近平总书记对“赵梦桃小组”的亲切勉励：希望大家继续以赵梦桃同志为榜样，在工作上勇于创新、甘于奉献、精益求精，争做新时代的最美奋斗者，把“梦桃精神”一代一代传下去。

赵梦桃是我国20世纪50年代纺织行业的代表，是纺织战线的一面旗帜。1951年，16岁的赵梦桃进入陕西西北国棉一厂。刚进厂时，赵梦桃当细纱值车工，为了掌握技术，她的两只手从不闲着，只要有时间就苦练操作技术。别人在机器之间完成一个巡回要用3～5分钟，她只用2分50秒。她发明的双手绞皮辊花技术，创造了千锭小时“断头”55根、皮辊花率0.189%的好成绩；她第一个响应工厂“扩台扩锭”号召，看车能力从200锭扩大到600锭，生产效率是原来的3倍；她提出的巡回清洁检查操作法，使纺纱断头减少2/3，粗细节坏纱比之前减少70%左右。在她的影响和带动下，“人人当先进，个个争劳模”蔚然成风。1963年，陕西省命名她所在的小组为“赵梦桃小组”，号召全省各行各业向她们学习。

赵梦桃（左一）向同伴们演示先进接头法（图片来源：新华社）

如今，赵梦桃的先进事迹依然激励和影响着一代代纺织人。赵梦桃曾经用过的老旧设备已经换成了先进的机器，“赵梦桃小组”的组员换了一批又一批，但每一代“赵梦桃小组”都继承和弘扬“高标准、严要求、行动快、工作实、抢困难、送方便”

的梦桃精神。赵梦桃身上所承载的精神品质和发挥的模范带头作用，穿越历史长河熠熠生辉。

追寻劳模工匠的成长轨迹，我们能够看到，他们把个人的追求与时代的呼唤紧密连在一起，他们把个人的拼搏转化成团队的团结与奋进，他们把个人的幸福融入国家的富强和民族的复兴。我们不仅能够通过劳动获得生产生活所需要的丰富物质资源，也能够通过劳动实现获得感、幸福感、安全感、成就感，促进人的全面发展。无论是对于一个国家、一个民族，还是对于每一个个体，回答“如何存在”“如何发展”这些根本问题，劳动都是最理想的答案。

位于陕西省咸阳市原西北国棉一厂的赵梦桃雕塑（图片来源：新华社）

人物小传

赵梦桃（1935—1963）

生前系原陕西西北国棉一厂职工。她是我国纺织战线的一面旗帜，荣获全国三八红旗手、全国先进生产者等荣誉称号。2009 年被评选为 100 位新中国成立以来感动中国人物。

1951 年，16 岁的赵梦桃进入西北国棉一厂，1952 年至 1959 年的 7 年间，她创造了月月完成生产计划、年年均衡生产的好成绩。在她的影响和带动下，“人人当先进，个个争劳模”蔚然成风。1956 年，在参加全国先进生产者代表大会期间，她观摩了同行“双手绞皮辊花”的技术表演，当即用糖葫芦杆当绞花辊反复练习，回厂第二天就把这种操作技术传授给大家。1962 年，她又创造了一套先进的清洁检查操作法，并在陕西省全面推广，极大地提高了产品质量和工作效率。1963 年 4 月，陕西省命名她所在的小组为“赵梦桃小组”，号召全省各行各业向她们学习。

知识加油站

多层次劳动表彰制度

近年来，我国对优秀劳动者的表彰体系不断完善，逐步形成了多层次、多渠道的表彰制度。从表彰对象来看，既有对优秀劳动者个人的表彰，也有对先进劳动集体的褒奖。同时，各荣誉称号和奖项是不同机构根据不同标准设立的，面向不同行业、不同人员或集体，各有侧重。

全国劳动模范和全国先进工作者

全国劳动模范和全国先进工作者称号都由中共中央、国务院授予，对在社会主义建设事业中作出重大贡献者进行表彰。全国劳动模范称号授予企业职工、农民和其他社会主义建设者，全国先进工作者称号授予机关和事业单位职工。从 20 世纪 90 年代开始，全国劳动模范和全国先进工作者的评选表彰工作每 5 年开展一次。

全国五一劳动奖

全国五一劳动奖包括全国五一劳动奖状和全国五一劳动奖章，由中华全国总工会设立。全国五一劳动奖状授予先进集体，全国五一劳动奖章授予在社会主义各项建设事业中作出突出贡献的职工。

全国工人先锋号

全国工人先锋号是中华全国总工会授予企业、事业单位、机关、社会组织及其他组织等所属部门或单位的荣誉称号。

尽管不同荣誉称号和奖项的表彰机构、授予对象、评选标准不尽相同，但都是国家对在社会主义建设事业中作出重大贡献的优秀劳动者的褒奖与激励，都是对劳动精神的礼赞，对劳动创造的讴歌。

追光足迹

追逐光影中的劳模工匠

经过前面的学习和思考，我们已经对劳模工匠在国家建设中的重要作用有了一定了解。近年来，有许多以劳模工匠为创作题材的影视作品，这些作品生动描绘了劳模工匠带领身边人团结奋斗、用双手创造美好生活的火热实践，弘扬了劳模精神、劳动精神、工匠精神，广受社会各界好评。

请举办一场以“追逐光影中的劳模工匠”为主题的观影活动，并请同学们分享自己的观后感。

下页表中有可供选择的影片信息，同学们也可以推荐自己喜爱的劳模工匠题材的影视作品，由全班同学投票选出共同观看的作品。

序号	电影名称	上映时间	内容简介	票数
1	光明使者周维忠	2023 年	周维忠是一名农村电工，30 多年来，他是五保老人的“电儿子”，是残疾青年的“电爸爸”，为孤困家庭送上生命中的光亮。他是全国劳动模范，是当地百姓心中的“光”，传递着人间温暖	
2	港珠澳大桥	2019 年	影片以港珠澳大桥最后一节沉管 E30 号沉放安装过程为主线，讲述了港珠澳大桥建造期间发生的生动故事，并将大桥主体工程桥、岛、隧三大部分的设计理念和世界领先的关键技术，如万花筒般呈现出来	
3	铁人	2009 年	在热火朝天、激情燃烧的油田上，新一代的石油工人热情满满、干劲十足，为建设新中国和四个现代化奋力拼搏、勇往直前。影片用两代石油工人的对话，向铁人精神致敬	
4	青年鲁班	1964 年	影片以朴实无华的手法，表现了一个文化水平不高但热爱自己工作的青年工人在技术革新中的成长过程，歌颂了他刻苦提高文化水平、攻克难关的顽强精神	
5	黄宝妹	1958 年	黄宝妹是上海国棉十七厂的纺织工人，也是上海棉纺系统人人皆知的技术革新能手。影片以一位作家寻访黄宝妹的真实过程为线索，向观众展示了这位劳模勤学苦练、大胆创新的劳动业绩	

第二课　与时代齐奋进

榜样蕴藏无穷力量，精神激发奋斗意志。我们国家在各个历史时期取得的发展成就，无不浸透着亿万劳动群众的辛勤汗水和默默奉献，他们用一砖一瓦建设起社会主义的雄伟大厦。

在革命战争年代，“新劳动运动旗手”甄荣典等劳动模范，以“新的劳动态度对待新的劳动”，积极参加义务劳动，全力支援前线，带动群众投身解放事业。

新中国成立后，“宁肯一人脏，换来万人净”的时传祥等一大批先进模范，带动广大群众以国家主人翁的姿态，积极投身经济社会发展的火热实践，自力更生，奋发图强。

在改革开放历史新时期，“人民楷模”王启民、“钢铁裁缝”艾爱国、“人民工匠”许振超等一大批劳模工匠，干一行、爱一行，专一行、精一行，为祖国作贡献、与新时代齐奋进，带动群众锐意进取，建立了杰出功勋。

学有所思 · 学有所得

在这些列举的劳模工匠中，有你知道或者感兴趣的人物吗？如果有，请与同学们分享其人物事迹。

特别能吃苦，特别能攻关，特别能奉献

“新时期铁人”王启民与“铁人”王进喜雕塑合影（图片来源：新华社）

“莫看毛头小伙子，敢笑天下第一流”，横批“闯将在此”，这是青年时代的王启民写下的一副对联。他和队友们还故意把“闯”字里的“马”写得大大的，寓意是闯出自己的路，破了门框又何妨！一个“闯”字，成为王启民一生的最好注脚。如果说，“铁人”王进喜为我国的石油产业找到了“大门”，那么时代交给王启民这一代石油人的重任，就是找到一把打开“大门”的钥匙，开启科技兴油的“长征路”。

1960 年，在北京石油学院读书的王启民，前往刚刚开发的大庆油田实习。当时，几万会战职工住地窨子、啃窝窝头，人拉肩扛、爬冰卧雪也

要为国家找油。波澜壮阔的石油大会战使王启民激动不已，毕业后毅然前往大庆。早期，由于缺少开发经验，大庆油田套用外国“温和注水，均衡开采”方法开发，导致油井含水量上升，原油产量大幅下降。“大庆油田地下构造千差万别，有富油层，也有薄差油层，怎么能以同一个水平开采呢?”王启民质疑道。为了找到适合大庆油田开采的方法，王启民开始以井为家。白天，他和队友们到井上去调查，收集生产数据；晚上，他对数据进行分析比较，画油、水变化曲线，编写施工设计方案。为了核准每一个数据，搞清地下油、水每一个微小的变化，王启民像钉子一样“钉”在试验现场，在地层的夹缝里、在油和水之间，整整干了 10 年，提出了“非均匀注采”理论，使日产百吨以上的高产井成批涌现。

20 世纪 80 年代初，大庆在稳产 10 年后逐步进入高含水期，很多人认为，大庆油田已经走到了尽头。“‘铁人’王进喜当年‘宁肯少活二十年，拼命也要拿下大油田’，我们这一代‘宁肯把心血熬干，也要让油田稳产再高产’!”这一次，王启民又带着闯劲儿，瞄准厚度只有 0.5 米的表外储层，闯入国内外公认的不能开采的禁区。

历经 7 年反复实践，王启民成功摸索出

学有所思・学有所得

结合上一课讲到的王进喜的事迹想一想，两代“铁人”的事迹有何异同点?

王启民展示他设计的科技创新攻关曲线图（图片来源：新华社）

一套“薄差层”开采技术，使大庆油田新增地质储量7亿多吨、可采储量2亿吨，相当于又找到了一个大油田。几十年间，王启民勇闯勘探禁区，挑战开发极限，攻克一道道技术难关，创造多项世界纪录，成功解决了大庆油田开发建设中一系列核心技术难题。总结自己的石油人生，王启民说：“我说我走这个‘长征路’，最后的结论就叫闯将的精神。第一个，特别能吃苦；第二个，特别能攻关；第三个一定要注意，特别能奉献。年轻人要在实践中锤炼工作，就是要实践、认识、总结、反复、往复、前进，一步一步把自己提高，在这个过程中逐渐把自己培养成栋梁之材。”

2019年9月29日，习近平总书记为王启民颁授“人民楷模”国家荣誉称号奖章。82岁的王启民心中感慨万千，“获得国家勋章、国家荣誉的每个人都有共同的特点，就是忠诚、执着、朴实。追求‘短、平、快’，当不了英雄；想着‘名、利、奖’，造不出伟大。”王启民说。

学有所思 · 学有所得

在王启民看来，忠诚、执着、朴实是平凡人能够创造不凡的重要品质。一个人只有坚定理想信念，脚踏实地把每一件平凡的事情做好，才可以创造不凡的成就，在超越小我中成就大我。而从一开始就想着个人得失和追名逐利的人，往往难以抵达成功的彼岸。

人物小传

王启民（1937—2024）

生前系大庆油田有限责任公司原总经理助理、原副总地质师。荣获“人民楷模”“改革先锋”和全国先进工作者等荣誉称号。2009年被评选为100位新中国成立以来感动中国人物。

王启民传承弘扬大庆精神和铁人精神，坚持“宁肯把心血熬干，也要让油田稳产再高产”的信念，攻克一道道技术难关，创造多项世界纪录，获得国家科学技术进步奖特等奖等19项奖励，创造了巨大的经济效益。他主持研究并提出了“分阶段多次布井开发调整”理论，其中表外储层开发利用打破了国内外认为不能开采的禁区；主持的油田高含水后期“稳油控水”项目研究，为大庆油田实现27年5 000万吨以上高产高效持续开发作出重要贡献。

做事情就要做到极致，做工人就要做到最好

在湘潭钢铁集团有限公司，也有一位像王启民一样一生只做一件事的人。他在湘钢担任的最高职务就是焊接班的班长，如今他已年逾75岁，每天穿着一身泛白的蓝色工装，骑着自行车上下班，这也是他留给同事们的“标准”形象。这位低调的老师傅，正是中国焊接行业鼎鼎有名的“大师傅”——艾爱国。

艾爱国在检验焊接工件

几十年间，艾爱国为我国冶金、矿山、机械和电力等多个行业攻克了400多项焊接技术难题，并改进了100多项工艺，获得多项发明专利。从湘潭的首个“双证”焊工到获得全国职工自学成才奖、中华技能大奖，再到荣膺全国五一劳动奖章、“七一勋章”，艾爱国用一辈子只做好一件事的信念，诠释着执着专注、精益求精、一丝不苟、追求卓越的工匠精神内涵，攻克了一个又一个棘手的焊接技术难关。

学有所思 · 学有所得

有人说，执着专注是工匠精神的前提，精益求精是工匠精神的核心，一丝不苟是工匠精神的精髓，追求卓越是工匠精神的目标。

你如何理解这句话？这些品质对于成为一名杰出的技能人才有什么帮助？

入厂之初，艾爱国是湘钢厂里的一名管道工。同一年，北京第二建筑工程公司的焊工师傅们南下支援湘钢。看着他们在流光溢彩的电弧光中，迅速地拼接剪裁创造出新物件，艾爱国既羡慕又好奇，萌发了做一名焊工的强烈愿望。他抓住各种机会向他们学习。经过不到半年的勤学苦练，艾爱国的焊接技艺突飞猛进，如愿以偿，转岗成为一名焊工。这之后，他一边如饥似渴地阅读焊接理论书籍，一边在实践操作中不断提高焊接的精度和焊缝质量。

1982 年，艾爱国以 8 项考核全部优秀的成绩考取了气焊、电焊合格证，成为湘潭市当时唯一持有“双证”的焊工。1987 年，他创造性地提出并成功实现“钨极手工直流氩弧焊”新工艺，一举夺得国家科学技术进步奖二等奖。20 世纪 90 年代，艾爱国又先后攻克了多项国家工程技术难关，并将宝贵经验上升到理论高度。从港珠澳大桥到北京大兴国际机场，从京沪高铁到超级液化天然气船，从深水油气平台到深中通道，人们耳熟能详的大国工程、大国重器的背后，都有艾爱国参与攻关的焊接工艺融入其中。

2021 年 6 月 29 日，在北京人民大会堂“七一勋章”颁授现场，习近平总书记亲切地称呼艾爱国为“大国工匠”。在为他佩戴“七一勋章”时，总书记说：“国家就需要你这样的人。”那一刻，站在最高荣誉领奖台上的艾爱国，脚下穿着的仍是一双湘钢发的工作鞋。这双鞋，象征着他这么多年，坚持走的路，断不掉的根！

隆重的颁奖典礼结束后，艾爱国又回到湘

学有所思 · 学有所得

艾爱国在隆重的颁奖典礼上穿工作鞋的细节，体现了他对自己工作的认可和自豪。

试想一下他穿工作鞋上台领奖的想法。你从中看到了他身上的什么品质和性格特点？

艾爱国在焊接试验室与团队成员进行讨论

钢，回到他熟悉的焊接研究室。在湘钢技校的一次讲座上，有学生问艾爱国，为什么要在退休之后依然坚守在工作环境比较艰苦的焊工岗位？“因为我热爱这项工作，再苦再累，对我来说不算什么，而且我已经将工作当成是我的乐趣。”艾爱国说。他还曾在其他场合表示：“不论当工人还是做其他工作，要想有所建树、有所贡献，那么，知识、干劲、奉献精神三者缺一不可。勤于钻研、勇于拼搏、乐于奉献、无私传艺，这就是我毕生的追求。我过去是这样做，将来，我还是会这样做的。”

人物小传

艾爱国（1950— ）

湘潭钢铁集团有限公司焊接顾问、首席技师，高级技师，全国示范性劳模创新工作室领衔人，湖南省焊接协会荣誉会长。荣获“七一勋章”、全国劳动模范、中华技能大奖、大国工匠年度人物、全国五一劳动奖章、全国十大杰出工人、全国道德模范等荣誉和称号。

艾爱国一直秉持做事情要做到极致、做工人要做到最好的信念，在焊工岗位上奉献了50多年。他精益求精、追求卓越、勇于自主创新，获得国家科学技术进步奖二等奖、全国职工自学成才奖等奖项和多项发明专利，多次参与我国重大项目焊接技术攻关和特种钢材焊接性能试验。作为我国焊接行业的领军人物，艾爱国倾心传艺，在全国培养焊接技术人才600多名。他还担任国内焊接教材的编审工作，编著《最新锅炉压力容器焊工培训教材》《焊接技术与自动化》等多本书籍。

干就干一流，争就争第一

“咱当不了科学家，但可以做个能工巧匠，同样无愧于时代。”这是“人民工匠”许振超经常说的一句话。只有初中文化的他，精益求精做好本职工作，练就了“一钩准”“一钩净”“无声响操作”等绝活。从一名普通码头工人成长为学习型、知识型、创新型的产业工人杰出代表，许振超的每一步都走得坚实有力。

年轻时的许振超在钻研技术（图片来源：新华社）

学有所思 · 学有所得

试着回忆一下，自己最近一次品尝到劳动成果的甜美是什么时候？

1974 年，24 岁的许振超进入青岛港，成为一名码头工人。在繁重的体力劳动中，许振超重新认识了劳动。“劳动很苦、很累，很多时候很枯燥，但劳动的成果非常美。”许振超坦言。道理虽简单，但真真切切意识到这一点并不容易。

经过 10 年磨砺，34 岁的许振超被选为青岛港第一批集装箱桥吊司机。当时桥吊的核心技术掌握在国外厂家手中，如果机器出现故障，企业只能高薪聘请外国专家来修理。但许振超不服气，他打心眼儿里渴望打破外方的技术垄断。“人可以不进大学，但不能不学习。”怀着这股心劲儿，许振超买来英文词典，每天下班后一边啃单词，一边研究电路图。用了大约 4 年的时间，许振超逐步掌握了各类桥吊技术参数和设备性能，不仅能排除一般的机械故障，还能修复精密部件。

学有所思 · 学有所得

你在学习和生活中是否有过像许振超所说的做一件事情越来越自信的感觉？你会把做这件事培养成自己的兴趣爱好吗？

“别人不能干的我能干，别人不能修的我能修。就这样我越来越自信，无论是操作技术、保养设备，还是应急处理都能胜任，逐渐培养出对工程技术的爱好。”许振超说。

渐渐地，许振超从一名普通的桥吊司机成长为桥吊专家。2003 年 4 月 27 日，在“地中海法米娅”巨型货轮的装卸作业中，许振超带领团队以每小时单机效率 70.3 自然箱和单船效率 339 自然箱的成绩，首次打破世界集装箱装卸纪录，拉开了“振超效率”的序幕。此后，许振超团队又 8 次刷新集装箱装卸世界纪录，使中国速度享誉世界，展现了中国港口工人的卓越风采。

学有所思 · 学有所得

感兴趣的同学可以查一查最新的世界集装箱装卸纪录，看看装卸效率是否已经大幅提高。

在传统码头向半自动码头、自动化码头转型过程中，许振超团队在国内首次实现了双起升岸桥的远程半自动操作，让司机离开了传统的高空驾驶室，极大地改善了职工作业环境。每一次技术革新，许振超都走在时代前沿、行业前列，正如他对企业职工的寄语——要把自己的工作岗位放到全公司、全集团乃至国家大局中去定位。

2024 年 9 月 29 日，习近平总书记向许振超颁授奖章，授予他“人民工

许振超（左二）和团队成员在山东港口青岛港集装箱码头研究传统集装箱桥吊的智能化升级方案（图片来源：新华社）

匠”国家荣誉称号。“这份荣誉是对我多年工作的肯定，更是对所有劳动者的激励，我将继续努力，发扬工匠精神，为国家的建设和发展贡献自己的力量。”手捧沉甸甸的荣誉奖章，许振超激动地说。

许振超坚持将国家需要、人民需要作为技术创新的不竭动力，不断超越自我，影响和培育了一批优秀码头工人，“人民工匠”实至名归。

学有所思 · 学有所得

将自己所学的专业放到更大的格局中去定位，需要了解哪些知识？

人物小传

许振超（1950—　）

山东省青岛前湾集装箱码头有限责任公司工程技术部固机高级经理，国家级技能大师工作室领办人，曾任全国总工会兼职副主席。荣获“人民工匠”、“改革先锋”、全国五一劳动奖章、全国道德模范等荣誉和称号，2009 年被评选为 100 位新中国成立以来感动中国人物。

许振超干一行、爱一行，练就了“一钩准”“一钩净”“无声响操作”等绝活，是践行工匠精神的优秀代表。他带领团队先后8次刷新世界集装箱装卸纪录，创造享誉全球的“振超效率”，是新时期中国产业工人的楷模。

以王启民、艾爱国、许振超为代表，有许许多多的技能人才在精进技艺、创新创造的过程中发挥了先锋模范作用，影响并带动了一大批技术工人，共同推动了产业的蓬勃发展。他们忠诚，对祖国和人民的事业矢志不渝、百折不挠；他们执着，在祖国和人民最需要的地方冲锋陷阵、顽强拼搏；他们朴实，在平凡的工作岗位上忘我工作、无私奉献。他们将个人的追求与国家的需求紧密结合，他们将个人的职业融入强国建设的事业，他们在超越小我之中成就了大我。随着经济发展方式转型和产业结构升级，实现中华民族伟大复兴同样离不开广大劳动者的创新创造，更离不开对劳模精神、劳动精神、工匠精神的继承和发扬，时代呼唤更多以劳动模范和大国工匠为代表的高技能人才。

学有所思 · 学有所得

通过本课内容的学习，你从劳模工匠的故事中得到了什么启发？你想过自己的职业理想吗？你最渴望成为一名怎样的劳动者？

知识加油站

“五章一簿”——功勋荣誉表彰制度体系

崇尚英雄才会产生英雄，争做英雄才能英雄辈出。我们国家高度重视对英雄模范的表彰和嘉奖，用至高礼遇致敬英雄。功勋荣誉表彰制度是向为党、国家和人民的各项事业作出重大贡献、取得卓越成就的杰出人士颁授勋章、表彰荣誉的一项制度性安排。当前，我国确立的是以“五章一簿”为主干的统一、规范、权威的功勋荣誉表彰制度体系。

“五章”是指“共和国勋章”“七一勋章”“八一勋章”“友谊勋章”和国家荣誉称号；**“一簿”**是指功勋簿。

“共和国勋章”授予在中国特色社会主义建设和保卫国家中作出巨大贡献、建立卓越功勋，道德品质高尚，群众公认的杰出人士，是国家最高荣誉。

“七一勋章”授予在中国特色社会主义伟大事业和党的建设新的伟大工程中作出杰出贡献、创造宝贵精神财富的党员，是党内最高荣誉。

“八一勋章”授予在维护国家主权、安全、发展利益，推进国防和军队现代化建设中建立卓越功勋的军队人员，是军队最高荣誉。

“友谊勋章”授予在中国社会主义现代化建设和促进中外交流合作、维护世界和平中作出杰出贡献的外国人。

国家荣誉称号授予在经济、社会、国防、外交、教育、科技、文化、卫生、体育等各领域各行业作出重大贡献、享有崇高声誉，道德品质高尚，群众公认的杰出人士。

“共和国勋章”

“七一勋章”

“八一勋章”

“友谊勋章”

国家荣誉称号

我国的国家荣誉称号一般冠以“人民”二字，如“人民楷模”“人民工匠”“人民艺术家”“人民科学家”“人民英雄”“人民教育家”等，评选和表彰的对象皆是来自人民、根植人民，是中国特色社会主义建设事业中的平凡英雄。国家荣誉称号的评选充分强调人民主体性，尊重人民群众在社会生活中的劳动创造，以国家荣誉称号的形式，倡导尊重劳动者的价值理念，激发全国人民团结奋斗的共同情感。

为记载以上荣誉获得者及其功绩，还专门设计了党、国家、军队**功勋簿**。

追光足迹

匠心独运：探究“匠”字密码

我们知道，在博大精深的汉字中，有一类是会意字。会意字是指两个或多个独体汉字，根据各自的含义加以组合，形成一个新的具有更丰富含义的汉字。大家熟悉的“明”“男”“尖”“休”等字都是会意字。从汉字类型划分上来说，“匠”也是一个会意字。

《说文解字》中解释：“匠，木工也。从匚（fāng）从斤。斤，所以作器也。”意思是说，“匠”的本义是木工。“匠”字的外框“匚”，意为用来盛放东西的方形器物；中间的“斤”是指斧头一类的工具。“匚”和“斤”合在一起为“匠”，用以指代木工。后来，随着分工的细化和职业类型的扩展，“匠”的指代范围也相应扩大，从《现代汉语词典》中的解释可以看出，具有专门手艺或者在某一方面很有造诣的人，可以统称为“匠”。

请以探究“匠”字密码为主题，举办一场课堂活动，通过理解“匠”字形成的会意过程，感受汉字文化魅力，并结合各自的专业特点，体会工匠精神的古今传承。以下是四个备选的活动内容。

活动一：匠字照片墙

学生自由结组，拍摄小组活动、学习时能体现匠心、匠行的场景照片。将每组的照片拼成“匠”字形的班级照片墙。

活动二：听音辨匠

学生在各种场景中录制不同工具发出的声音，如锯木声、电焊声、敲击声等，在课堂上播放。请其他同学抢答对应的工种，并思考古代工匠和现代工匠的工具变化。

活动三：匠心工坊

准备一个“匚”形纸盒，4 名学生为一组，讨论除了“斤”以外，还有哪些是成为一名“匠”所必需的要素，例如“耐心”“专注”“创新”等。每组将讨论的结果写到一张心形卡片上，放入“匚”形纸盒内。然后，逐一揭晓大家选出的匠心关键词，并进行讨论总结。

活动四：我和我的“斤”

手持斤斧修万物，心怀“匚”器纳乾坤，技工就是当代匠人。“斤”在古代是木工用的斧头，那么现在你所学专业要用到的“核心工具”是什么？试着拍摄自己专业日常使用的工具的照片，并配文讲述自己的故事。

第二单元
改革攻坚的先锋

中国人民具有伟大梦想精神，中华民族充满变革和开放精神。自古以来，中国大地上发生了多次变法变革的图强运动，改革开放则是决定当代中国命运的关键一招。在这场波澜壮阔的伟大变革中，涌现出了一大批坚持实业报国、奋发进取、勇于担当、追求卓越的劳模工匠。他们在推动制造业发展、促进技术创新、提升产品质量、参与重大项目建设等方面大胆探索、攻坚克难，取得了一系列具有开创性意义的突破，成为推动经济社会高质量发展的中流砥柱。

一大批劳动模范和先进工作者，干一行、爱一行，专一行、精一行，带动群众锐意进取、积极投身改革开放和社会主义现代化建设，为国家和人民建立了杰出功勋。

——2013 年 4 月 28 日，习近平在同全国劳动模范代表座谈时的讲话

20 世纪 70 年代末，世界经济快速发展，科技进步日新月异。1978 年，党的十一届三中全会作出把党和国家工作重点转移到以经济建设为中心的社会主义现代化建设上来、实行改革开放的历史性决策，拉开了改革开放的大幕。党领导全国人民解放思想、实事求是，大胆地试、勇敢地改，干出了一片新天地。从实行家庭联产承包责任制、乡镇企业异军突起，到兴办深圳等经济特区、沿海沿边沿江沿线和内陆中心城市对外开放，从“引进来”到“走出去”，一系列重大改革扎实推进，使改革开放成为当代中国最显著的特征、最壮丽的气象。“大鹏之动，非一羽之轻也；骐骥之速，非一足之力也。”伟大梦想不是等得来、喊得来的，而是拼出来、干出来的。

学有所思 · 学有所得

大鹏冲天飞翔，不是靠一根羽毛的轻盈；骏马急速奔跑，不是靠一只脚的力量。

你如何理解这句话？

2013 年 4 月 28 日，习近平总书记同全国劳动模范代表座谈。在当天的座谈会上，气氛十分活跃。中国能源建设集团山西省电力建设二公司焊工贾向东等 9 位劳模工匠，结合各自工作岗位和成长经历，就继承和发扬中国工人阶级的伟大品格和崇高精神，坚守信念、追求梦想，立足岗位、发挥才干，为祖国发展和人民幸福作贡献畅谈了体会和感受。来自中铁一局电务公司的电力高级技师窦铁成，讲述了自己通过刻苦学习成为高级技师和知识型工人的事迹。“从我的成长经历中，我深深体会到，在我们伟大的祖国，身处这样伟大的时代，每个人只要有志向、有追求、有奋斗，就一定能梦想成真。”

习近平总书记听后表示："工业强国都是技师技工的大国，我们要有很强的技术工人队伍。"

技术工人队伍是支撑中国制造、中国创造的重要力量。改革开放以来，以"金牌工人"窦铁成、"蓝领专家"孔祥瑞、"焊接大师"高凤林等为代表的劳动模范和先进工作者，发挥了不可替代的关键引领作用。他们是爱党报国的奋进者，是勇于创新的开拓者，是工匠精神的践行者。创新是他们共同的闪亮名片，他们敢啃硬骨头，瞄准国际先进水平，潜心钻研技术，勇于创新，大胆攻坚；他们勇当弄潮儿，着力提高技能水平，攀登技术技能高峰，不断彰显中国力量。

学有所思 · 学有所得

在全球范围内，你知道哪些工业强国？你了解其优势产业和技能人才状况吗？试着查一查。

百舸争流千帆竞，乘风破浪正远航。当前，实现创新驱动发展战略和高质量经济发展的目标，比以往任何时候都更需要敢于啃硬骨头、敢于涉险滩的勇气。广大技能人才更要确立奋斗志向，让劳动实现价值、技能闪耀人生、创造成就卓越。

第一课　敢啃硬骨头

改革开放之初，中国正处于经济快速发展和技术亟须革新的关键时期，迫切需要一批技术精湛、经验丰富的技术工人投身其中，成为产业发展的中流砥柱。广大技术工人扎根于生产一线，对生产过程中的各类问题有着最为直观、深刻的认识与理解，他们凭借丰富的实践经验和敏锐的市场洞察力，积极主动地开展技术革新与发明创造，突破了一系列国外技术封锁，很多行业涌现出了一大批杰出的劳模工匠。

攻克多项技术难关，诺贝尔奖得主请他相助

1980 年，以优异成绩从技工院校毕业的高凤林，进入第七机械工业部第一研究院 211 厂（现为中国航天科技集团有限公司第一研究院 211 厂）工作。当时正赶上改革开放高速发展时期，也是航天事业从小到大、由弱变强的时期，高凤林进厂后，跟随我国第一代氩弧焊工师傅学习技艺。为了练好基本功，他经常在生活中模拟焊接过程。

高凤林在操作智能九轴机器人焊接火箭发动机喷管

短短 3 年后，厂里就派 21 岁的高凤林参加长征三号运载火箭发动机燃烧室的研制。新型大推力氢氧发动机的大喷管的焊接一度成为研制瓶颈。由于大喷管的壁厚只有 0.33 毫米，焊枪多停留 0.1 秒就有可能把管子烧穿或者焊漏。在首台大喷管的焊接中，高凤林连续昼夜奋战数月，从材料的性能、大喷管结构特点等展开分析，凭借着高超的技艺，攻克了烧穿和焊漏两大难关，为长征三号运载火箭的研制作出了重要贡献。

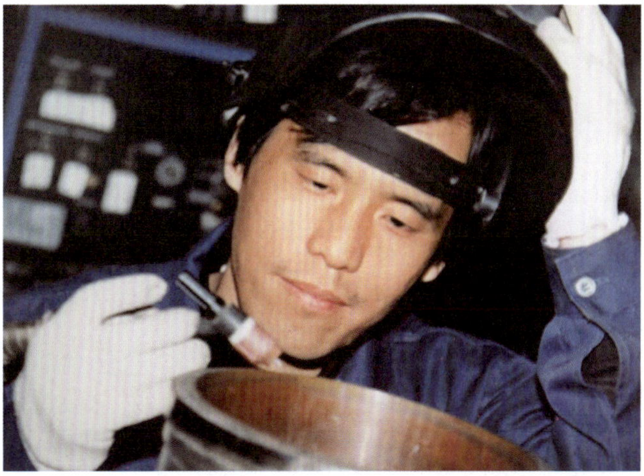

高凤林在进行新一代火箭氢氧发动机焊接

1991 年，高凤林又参加了氢氧发动机螺旋管束式喷管延伸段的焊接任务，因为一项焊接技术的工艺改进，他得到了行业认可。渐渐地，随着高凤林屡屡攻克焊接技术难关，他被业内称为“金手天焊”。称他是“金手天焊”，不仅因为当时人们把比用金子还贵的氩气培养出来的焊工称为“金手”；还因为高凤林焊接的对象十分金贵，是有火箭心脏之称的发动机；更因为他的技术水平在焊接专业领域达到了常人难以企及的高度。

随着高凤林声名远播，国内外同行遇到棘手难题也来向他求助。一次国际级大考发生在 2006 年。那一年，由 16 个国家和地区参与的反物质探测器项目，因为低温超导磁铁的制造难题陷入了困境。来自国际和国内两批技术专家提出的方案，都没能通过国际联盟评审。一筹莫展时，诺贝尔奖获得者丁肇中教授辗转打听

学有所思 · 学有所得

在人才济济的 211 厂，年轻的高凤林为什么会被选中参加重大项目？结合他在项目中的表现，你得到哪些启发？

学有所思 · 学有所得

有一次，我国从某国引进的一种中远程客机发动机出现裂纹，很多权威专家都没有办法修好，该国专家更是傲慢断言：“你们不行，中国专家谁也修不了！”高凤林通过翻译告诉该国专家：“你等着，我十分钟之内就能把它焊好！”焊完后，该国专家反反复复检查了好几遍，最后面带微笑地对高凤林竖起了大拇指。

从上段文字中，你得到哪些启示？

到了高凤林，请他出手相助。高凤林到现场进行了基础性调研考证，指出了原有方案存在的重大隐患，并给出了新的工艺设计方案，最终获得国际联盟的认可。一位专家这样评价高凤林：“你既有深厚的理论基础，又有丰富的实践经验，你是两个维度看问题，看来高技能人才是大有用武之地！”

在高凤林的手中，焊枪是针，弧光是线，他追寻着焊光，在火箭发动机的金缕玉衣上焊出了一片天。由他焊接发动机的火箭，占我国火箭发射总数近四成。多年来，他接连攻克了多项火箭发动机焊接技术世界级难关，填补了中国技术的空白，为探月、探火、空间站建设等国家重大任务的顺利实施作出了突出贡献。回首自己的职业生涯，高凤林感慨：“解放思想、实事求是，对于技术工人来讲，就是要坚持问题意识，强化寻找问题、思考问题、化解问题的思维习惯和行动自觉，做一名能够攻坚克难、攻城略地的尖兵。”

学有所思 · 学有所得

人们在工作和生活中，如果遇到一些难以解决或感到疑惑的问题，经常会产生一种探索的心理状态。这种心理驱使个体积极思考，不断提出问题和解决问题。有人说，问题意识是思维的动力，是创新精神的基石。

在学习和生活中，你是一个爱提问题的人吗？如何主动培养自己的问题意识？

人物小传

高凤林（1962— ）

首都航天机械有限公司航天特种熔融焊接工、“高凤林班组”班组长，首席技师，国家级技能大师工作室领办人，中华全国总工会兼职副主席。荣获全国劳动模范、中国高技能人才楷模、中华技能大奖、全国十大能工巧匠、全国道德模范、首次月球探测工程突出贡献者等荣誉和称号。

40 多年来，高凤林扎根一线，刻苦钻研，大胆创新，提出和创造多层快速连续堆焊加机械导热等多项新工艺方法，攻克运载火箭发动机大喷管焊接难关，革新 200 多项航天焊接技术，高标准地完成多种运载火箭重要部件的焊接任务。他先后两次获得国家科学技术进步奖二等奖，获得全军科学技术进步奖二等奖、全国职工创新成果一等奖等 30 多个奖项。2014 年底，他携 3 项成果参加德国纽伦堡国际发明展，全部摘得金奖。

立志产业报国，擦亮中国制造金名片

像高凤林一样，见证自己所在行业从弱到强快速发展的，还有来自中车长春轨道客车股份有限公司（以下简称中车长客）的电焊工——李万君。他从一名普通焊工成长为我国高铁焊接专家，是中国第一代高铁工人中的杰出代表，是高铁战线的杰出工匠，被誉为“高铁焊接大师”。

李万君（左二）给徒弟做示范

1968 年出生于吉林省长春市的李万君，成长在一个劳模之家。他的父亲李世忠是长春客车厂的刨工，是原铁道部劳模、长春市五一劳动奖章获得者；母亲李桂芝在长春塑料一厂工作，多次被评为厂级先进工作者。每逢父母戴着大红花、喜气洋洋地拿回劳模（先进）证书和奖金，李万君都羡慕不已，他暗下决心，将来自己也要练就一手好技术，争取当劳模、戴红花。

儿时的梦想慢慢在李万君的心里生根发芽。1987 年，李万君进入中车长客焊接车间。这里对提高工人的技术水平非常重视，每年都会举

学有所思 · 学有所得

研究显示，父母的职业会影响孩子的职业选择。同时，父母对工作的态度也会在子女行为模式塑造上产生影响。

你父母的职业对你的职业选择有什么影响？你想从事跟他们职业相同或相关的工作吗？

李万君（第一排右三）在讲解技术要领

办技术大比武和技能大赛，为青年技术能手崭露头角创造机会。在参加工作的第二年，李万君就凭借扎实的基本功获得了职业生涯中的第一个冠军——全车间焊接冠军。从此，李万君对于焊接技术的钻研一发不可收。在高温烘烤、焊花飞溅之间，他的所思所想都是把焊缝焊得更完美一些。寒来暑往，李万君在一线岗位上不断精进自己的技术，顺利考取了碳钢、不锈钢焊接等 6 项国际焊工（技师）资格证书，成为全能型焊工。

2007 年，作为全国铁路第六次大提速的主力车型，时速达每小时 250 千米的和谐号动车组在中车长客试制生产。如果把高速动车组比喻成人的身体，那么转向架就相当于双腿和双脚，负责牵引车辆沿轨道行驶。列车转向架横梁与侧梁间的接触环口是承载整车约 50 吨重量的关键受力点，也是高速动车组制造的关键部位。以前，和谐号上的转向架都是从国外高价进口，并由外国专家指导安装，我们接触不到核心技术。

“外国人能干的，中国人也一定能干出来。”李万君心里憋着一股劲儿，开始反复研究试验。如果按常规焊法焊接，由于焊缝多，接头易出现不熔合的缺陷，质量无法保证。“能否一枪把这个环口焊下来呢?”李万君提出这个想法。经过 1 个月的反复钻研摸索，李万君总结出“环口焊接七步操作法”，一气呵成、一个接头都没有地一枪焊完整个环口，成功突破了国外技术封锁。这是连最先进的焊接机械手也无法完成的操作。这让外国专家对中国技术工人竖起了大拇指，也让动车组转向架的批量生产有了中国标准。如今，中车长客的转向架年产量，比庞巴迪、西门子和阿尔斯通等世界轨道车辆制

学有所思・学有所得

2017 年 7 月至 2018 年 6 月，中车长客相继通过了车体、系统集成、转向架的资格认证，最终获得了纽约地铁的整车供货资格。在签署合格证书时，纽约交通局代表用一句中国谚语形容中车长客的产品和团队——“没有打虎艺，不敢上山岗”。

你如何理解这句话?

造巨头的总和还要多。

“无论外国怎么进行技术封锁，我们都要想尽一切办法去革新和突破核心技术，这是中国高铁产业工人义不容辞的责任。”李万君说。为了打破外国对我国高铁技术的封锁，他凭着一股不服输的钻劲儿、韧劲儿，积极研发在国内尚处空白状态的几十种高速列车、城铁列车转向架焊接规范及操作方法，先后进行技术攻关 150 余项，其中 60 项获得国家专利。为了在外国技术无法解决的难题中勇攀高峰，李万君一次又一次地试验，取得了一批重要的核心试制数据，专家组以这些数据为重要参考编制了《超高速转向架焊接规范》。李万君说，自己亲眼见证了中国高铁事业从无到有、从制造到创造、从追赶到领跑的全过程，也见证了产业技术工人从默默无闻到备受尊重的全过程。

人物小传

李万君（1968— ）

中车长春轨道客车股份有限公司电焊工，首席技师、正高级工程师，国家级技能大师工作室领办人，吉林省总工会兼职副主席。荣获全国劳动模范、中华技能大奖、大国工匠年度人物、全国五一劳动奖章等荣誉和称号。

李万君扎根在轨道客车转向架焊接岗位，总结并制定了 30 多种转向架焊接规范及操作方法，他研究探索的“环口焊接七步操作法”成为公司技术标准，他研发的“氩弧半自动管管焊操作法”填补了我国氩弧焊焊接转向架环口的空白。李万君的工作室自成立以来，培训焊工 2 万多人次，完成技术攻关项目 150 多项，获得国家、省、市级创新成果奖 12 项，拥有国家专利 60 项，发表论文 99 篇，培养带动了一大批具有精湛技能、忠于职业操守的技能人才。

千锤百炼填补空白，以匠心为国家锻重器

刘伯鸣第一次感受到自己的专业与国家的前途、人民的命运息息相关，普通的锻工竟干着不普通的大事，是在技校的一堂工艺课上。

1987 年，刘伯鸣进入中国一重技工学校，学习锻造专业。在一次课上，老师问大家：“你们都是锻工，也就是老百姓常说的铁匠。可是，你们了解自己今后要用的铁锤吗？”刘伯鸣心中疑惑：“不就是铁锤吗，还能有什么花

学有所思 · 学有所得

一次普普通通的工艺课深深地触动了刘伯鸣，让他确定了人生的奋斗方向。

你在学习自己的专业时，是否经历过像他一样的震撼时刻？

样?”对此，老师解释道：“严格来讲，你们今后要打的是千锤百炼的钢，你们要用的铁锤也非同凡响，它的大名叫万吨水压机……”接下来，老师带领同学们了解了中国一重的光荣历史，一串串令人震撼的数据、一件件举足轻重的锻件产品，勾勒出我国锻造行业发展的壮阔画卷。特别是万吨水压机，给刘伯鸣留下了深刻的印象——我国自主设计制造的第一台万吨水压机填补了多项国内工业产品技术空白，支撑起中国的钢铁脊梁。刘伯鸣第一次意识到，大型自由锻造水压机是衡量一个国家工业化水平和国防实力的重要标准之一。一种自豪感和使命感涌上刘伯鸣的心头，他暗下决心，一定要学好本领、干出名堂。

锻造通俗地说就像是揉面，是锻造大国重器核心锻件的一个关键工艺。只有通过充分锻造，大国重器才能有更高的性能指标。刘伯鸣所在的工厂承担着我国核电装备、石化装备等大、特、新锻件产品的锻造任务。以前，不少核心锻造技术被国外垄断，即使是不太大的核电锻件，也要花天价从国外买来。我国开启的核电项目，大多出现过由于锻件限制严重拖延工期的现象。“核电锻件必须，也一定能够国产化，我们一定能用自己亲手制造的锻件装备自己的核电站!”生产动员会上的号召令，让刘伯鸣和工友们立志要用自己的努力为撑起中国制造的脊梁贡献力量。在高温炙烤的工作环境中，面对没有任何国内厂家做过、没有任何技术规范可以参考的艰巨任务，刘伯鸣凭借攻

刘伯鸣在进行活件测量

坚克难的意志和稳健高超的锻造技术，最终攻克了难关，填补了国内的技术空白，一举扭转了此类核电关键锻件全部依赖进口的被动局面。

在“华龙一号”首批示范项目实施过程中，刘伯鸣带队不断优化基础工艺数据，反复琢磨攻克难关的方法，高质量完成各项操作，最终圆满完成任务，打造了中国核电设备国产化的新名片，实现了历史性突破。“华龙一号”也成为我国核电的主力品牌，是我国唯一具有完整自主知识产权的三代核电技术产品。中国一重的锻造技术也名扬海外，锻件制造水平突飞猛进，所制造的锻件远销海外，阔步迈向世界前列。“创新无处不在，只要用心去观察，用心去琢磨，就没有什么咱攻克不了的难关！”刘伯鸣说。

30多年来，刘伯鸣将工作重点放在核电、石化、新能源等装备项目上，带领团队持续潜心钻研锻造技术，用自己的坚守与创新，助力了我国核电、石化等超大、超难锻件的国产化和产业化，也参与见证着中国装备制造业发展壮大的光辉历程。

学有所思 · 学有所得

刘伯鸣的这句话强调了创新的关键在于用心。事实上，创新并非遥不可及的伟大创举，只要我们以积极主动的态度去留意周围的事物，深入思考问题，锲而不舍，就能够凭借自身的智慧和努力，找到解决难题的方法。

你在学习和生活中有怎样的巧思与创新呢？

刘伯鸣和创新团队将自主研发的专利技术运用到核电 AP1000SG 锥形筒体制造中

运用创新技术生产的加氢过渡段近净成型锻件实现了降本增效

人物小传

刘伯鸣（1971—　）

中国一重集团有限公司中国第一重型机械股份公司锻造工，高级技师，国家级技能大师工作室领办人。荣获全国劳动模范、中华技能大奖、全国岗位学雷锋标兵、央企楷模等荣誉和称号。

刘伯鸣是我国核电、石化重型压力容器及专项产品等重大技术装备自主化、产业化进程中的奋斗者和见证者。他独创50余种锻造方法，开发40余项锻造技术，先后攻克核电、石化等领域的产品锻造工艺难关100余项，填补了国内技术空白50多项。他出色地完成了三代核关键部件、世界最大715吨核电常规岛转子等30余项超大、超难核电产品锻造任务，为推进重大技术装备国产化并替代进口，提升我国超大锻件制造的核心竞争力作出突出贡献。

学有所思 · 学有所得

通过劳模工匠的人生经历，我们不难发现，他们在刚开始学习技能时，并不知道自己能够创造多大的价值。其实，在每一个看似平凡的技术岗位上，都可能隐藏着带来巨大改变的技术密码。而一步步破解技术密码的过程，或许正是一把把打开新世界大门的钥匙。

以高凤林、李万君、刘伯鸣为代表的一大批劳模工匠，虽然岗位各异，但都有一个鲜明的共同点，就是立足岗位钻研技术、坚定信念技能报国。面对技术垄断和行业空白，他们有不服输的志气和技术攻关的能力。他们在各自岗位上苦练内功、提高本领、攻坚克难，积累了宝贵的实践经验，啃下了一个个技术攻关的硬骨头，为我国制造业蓬勃发展奠定了坚实基础，为中国制造业走向世界打开了一扇扇希望之门。

知识加油站

中华技能大奖获得者为什么被称为“工人院士”？

2011年，第十届中华技能大奖颁奖仪式在中南海隆重举行。中华技能大奖获得者李万君心情非常激动。在颁奖仪式上，人们称李万君等中华技能大奖获得者为“工人院士”。当时，李万君还不明白为什么这样称呼他们。后来才得知，截至2011年，全国两院院士有1500多人，但获得中华技能大奖的工人才140人，比院士还稀少，所以称他们为“工人院士”。那么，凤毛麟角的中华技能大奖是如何诞生的？

20世纪90年代，随着市场经济体制改革的发展，我国经济增速迅猛，对技能人才的需求越来越旺盛，但当时技术工人的社会地位不高、待遇偏低，人才流失严重，“明天谁来当工人”成为当时的社会之问。高技能人才表彰奖励制度正是在这样的背景下出台的。

1995年，劳动部会同各行业主管部门及各省（自治区、直辖市）建立高技能人才表彰奖励制度，设置中华技能大奖和全国技术能手两个奖项。表彰制度设立初期，每年评选表彰一次，1998年后改为两年一届。2004年第七届表彰活动扩大表彰规模，中华技能大奖获得者由10名增至20名，全国技术能手由100名增至200名。2006年第八届表彰活动规模进一步扩大，全国技术能手增至300名。2012年中华技能大奖获得者增至每届30名。根据评选要求，中华技能大奖候选人须来自生产一线岗位，秉承工匠精神，且从事本职业（工种）10年以上，技术技能水平应在国际国内有重要影响，享受国务院政府特殊津贴，原则上从历届全国技术能手和具有高级技师职业资格的在岗人员中推荐。

截至2023年，高技能人才评选表彰活动已举办十六届，表彰中华技能大奖获得者320名、全国技术能手3 616名，选树了一大批优秀高技能人才。获奖者始终活跃在生产一线，他们牢记技能报国的初心使命，践行追求卓越、精益求精的工匠精神，始终走在前列，勇挑重担，以卓越技艺展现工匠风采。

中华技能大奖和全国技术能手作为面向技能人才最高的政府奖项，在企业、劳动者乃至全社会产生了深远影响，对弘扬劳模精神、劳动精神、工匠精神，鼓励广大劳动者学先进、赶先进、当先进，激励广大青年走技能成才、技能报国之路，发挥了重要引导作用。

追光足迹

技术探秘，问题驱动

爱因斯坦说：“提出一个问题比解决一个问题更重要，因为解决问题也许仅是一个数学上或实验上的技巧，而提出新的问题、新的可能性，从新的方向看旧问题，则需要有创造性的想象力，而且标志着科学的真正进步。”问题意识是推动人类认识世界、获取知识、革新技术、创新创造的重要动力。具有强烈问题意识的人，常常不会满足于了解表面现象，而是会深入挖掘事物背后的本质和规律，从而不断拓展自己的认知边界。

请举办一场培养问题意识的课堂活动，让同学们从主动发现问题并提出问题中，体验探索的新奇和创新的乐趣。

活动一：技术进步我来猜

古今中外，由问题意识推动技术进步的例子不胜枚举，如蔡伦改进造纸术，牛顿从苹果落地中发现万有引力定律，瓦特从水壶中沸水顶开壶盖得到启示改良蒸汽机，乔布斯发明智能手机，屠呦呦发现青蒿素等。

学生以小组为单位，各自制作写有古今中外科技成果关键词的卡片，如造纸术、活字印刷术、电灯、蒸汽机、5G技术、新能源电池等。卡片正面写成果名称，背面记录该成果背后发现问题、解决问题的故事。将写有关键词的卡片放到一个盒子里，每组派一名代表上台抽取卡片，通过描述（不能直接说出成果名称）

让其他同学猜想成果名称。揭秘后，朗读卡片背面的故事。

活动二：技术创新我来问

将学生分成若干小组，每组 5~6 人。给出一个与技术技能相关的情境，如“如何优化智能手机的电池续航能力？”“家里的电路突然跳闸可能是哪些原因引起的？”“使用空气炸锅制作鸡翅时，如何达到外焦里嫩的效果？”等。学生也可以选择一个自己感兴趣的技术问题，进行探究。

1. 任务布置：各小组围绕该情境，从技术原理、用户需求、实际应用等不同角度提出至少 5 个问题，并记录下来。

2. 自主探讨：各小组成员积极交流，提出自己的见解和疑问，组长负责记录和整理。以小组为单位，上网搜索相关技术背景资料，并尝试给出解决方案。

3. 成果展示：每组选派一名代表，向全班展示本组提出的问题，并简要陈述解决这些问题的基本思路。其他小组可以对展示进行补充或给出建议。

4. 总结拓展：根据各小组的成果展示，填写以下表格，着重记录同学们展示出来的好奇心和问题意识，总结各组所提问题的亮点和不足，评选出表现最好的小组。注意体会问题意识在技术技能学习中的重要性。

小组序号	技术情境	提出的问题	亮点	不足
1				
2				
3				
4				
5				
6				

第二课　勇当弄潮儿

伴随着改革开放的深入，社会生产力得到进一步解放和发展，中国经济发展迎来新的机遇。在这一背景下，各个行业急需提升技术水平，以满足国内日益增长的需求，并在国际市场上占据一席之地。科技成为推动产业发展的第一生产力，生产一线技术技能创新的重任落在了广大技能人才的肩上。

超越父辈的“岗岗通”，以生产难题为攻关课题

“别看上技校出来是当工人，当工人一样有出息。”父亲的话深深影响着刘丽。1993 年，19 岁的刘丽以第一名的成绩从技校毕业，成为大庆油田第二采油厂的一名工人。

采油队每天都要和近十米高的抽油机打交道。重达 30 千克的皮带让抽油机的日常维护工作极为耗费体力，男性工人更换皮带都很吃力。刘丽硬是铆足了劲儿，不到半年就创造了 15 秒更换皮带的纪录。上班第二年，刘丽就被选为矿上的排头兵。工作不到 4 年，刘丽就把采油队所有岗位干了个遍，练就了一身绝技。摸工具便知规格型号，看电流即判井下状况，听声音可辨机械故

刘丽（左）和工友在油井现场调试设备

刘丽在工作室研制革新性产品

障，她成为一专多能的“岗岗通”。

作为新一代石油人，怀揣着让日常工作干得更巧、更快、更好的愿景，刘丽开始了创新攻关之路。大庆油田进入聚驱开发阶段后，抽油机井光杆极易被腐蚀，导致盘根盒漏油，严重时一天就得更换一次密封圈。同事们一听说要换密封圈，个个都犯难。在刘丽看来，不顺手的地方就是应该创新的地方，她开始日思夜想解决方法。一次偶然的机会，刘丽从口红的结构中受到启发：转动口红的底部，膏体就可以被旋转出来，那么是不是也可以根据旋转顶出的原理把密封圈顶出来？刘丽立即着手设计图纸，寻找厂家加工，不久后，上下可调式盘根盒便投入使用。后来的十几年间，刘丽对上下可调式盘根盒先后进行了5代改进，让采油工在户外更换密封圈的时间从40多分钟缩短为10分钟，密封圈的使用寿命从1个月延长到6个月。这项成果荣获大庆油田首批技术革新成果特等奖、中国石油首届一线创新成果一等奖以及第六届全国职工创新成果奖。

学有所思·学有所得

“干就干出个样儿来。”这句话反映了刘丽在工作中精益求精的态度，对工作质量的极致追求。

你在学习和生活中有过类似的举动吗？

为了让油井多产油，让企业多创效，刘丽精益求精、追求极致，不断突破自己，浑身充满干劲的刘丽说：“干就干出个样儿来。”生产的难题就是攻关的课题，刘丽身体力行诠释工匠精神。她研发的便携式防喷管，结束了大庆油田自20世纪60年代以来一口井一套防喷管的历史；她研制的螺杆泵井多功能电缆护管、螺杆泵井方卡子分体护罩、减速箱可擦洗看窗等革新成果在大庆油田批量推广使用，其中一些成果填补了行业技术空白。

2011年8月，以刘丽名字命名的工作室成立了。在新的战场上，她这样说：“我将继续坚持把解决一线生产难题作为创新的原动力，潜心钻研、精益求精，做一名新时代大庆精神、铁人精神的传承者。”沿着创新攻关的轨迹，刘丽正同一大批中国石油技能专家一起，开拓着油气勘探领域的新路径。

人物小传

刘丽（1974—　）

中国石油大庆油田采油工、中国石油集团公司技能大师，首席技师，国家级技能大师工作室领办人。荣获全国劳动模范、中华技能大奖、大国工匠年度人物、全国五一劳动奖章、全国“最美职工”等荣誉和称号。

多年来，刘丽积极开展岗位创新和技术研发，个人累计研发各类成果200余项，其中获国家及省部级奖项38项、国家专利及计算机软件著作权43项，螺杆泵井新型封井器装置等一批成果填补了行业技术空白，编著的技术培训教材在我国石油行业被广泛推广使用。

坚信产品如人品，练就绝妙手上功夫

人的一根头发丝直径为0.06毫米左右。李凯军手工制作的金属制件，精度是一根头发丝直径的1/6。这是连一般自动化机器设备都无法达到的数值。在一次技术表演中，李凯军用独创的指压寸动法，凭着多年磨炼出的人刀合

李凯军（左一）手把手地给新入职员工传授岗位技能

学有所思 · 学有所得

随着工业设备的不断发展，机械在生产中的作用也越来越重要。但是在很多高精尖领域，一些重要零部件的打磨并不是靠机械设备就可以完成的。技术技能人员能够完成的任务不仅更灵活、更复杂，而且也更精准。

你认为，在生产制造环节，哪些技能不会被机器取代？在本课的【追光足迹】中我们将展开深入讨论。

一的技术，把圆球锉削成正十二面体，所有尺寸精度都在 0.01 毫米以内。他还曾在一档电视节目中，用风动工具在生鸡蛋上刻出“自主创新”四个字，鸡蛋皮被刻掉，里面薄膜没有丝毫损坏。他用这项绝技在厂里新产品开发中，加工出连数控机床都无法加工的复杂形状。台上一分钟，台下十年功。令人叹为观止的高超技能背后，是李凯军对工作近乎痴迷的热爱，对完美始终如一的追求，以及远远超出常人的艰苦付出。基本功练得最狠的时候，李凯军愣是把指纹给磨没了。

改革开放后，汽车产业作为我国的重要产业，面临着技术升级和与国际接轨的迫切要求。国外汽车工业经过长期发展，在汽车设计、制造工艺和模具技术等方面已经相当成熟。由于我国汽车产业起步较晚，技术基础薄弱，尤其是在模具制造方面，与当时国际先进水平存在较大差距。汽车模具的精度决定整车的质量，高精度模具主要依靠进口，一度严重制约了我国汽车产业的发展。

李凯军深知模具技术是汽车产业发展的关键一环。回想起 2003 年的一项任务，他至今仍感慨：“那时候，是真的不容易。”当时，李凯军所在的模具设备厂只能制作中小型模具，而要新制作的模具是用来生产重型车变速箱壳体的，是当时国内最大、最复杂的压铸模具之一，也是一汽首次自主研发制造的模具。质量要求高、工艺超复杂、限时工期短……面对重重困难，李凯军迎难而上。经过仔细分析，他大胆创新操作方法 20 多种，不仅成功破解难题，还节约了一半工期。不久，该套模具在上海国际模具展上一举摘得金奖，大批国内外采购商接踵而来。李凯军制作的模具远销加拿大、西班牙、美国、俄罗斯等国家，这位中国工匠，也名扬海外，成为一汽铸造公司拓展国际市场的一块金字招牌。

学有所思 · 学有所得

在实际生产中，时间紧、要求高、难度大的任务，也常常伴随着更多的风险和隐患。

你遇到这种情况会怎么办？

李凯军经常说的话是：“产品如人品。我制作出来的模具，绝对不能有一点儿瑕疵。别人对

李凯军在调试设备

产品的要求是合格品，我对自己产品的要求是优质品。”为实现这个目标，他曾“背”着满脊背的水疱，不分昼夜工作，直到圆满完工；也曾将半个身体伸进高温的模具型腔内，忍着多处烫伤的剧痛，坚持到成功完成模具调试。“会技术只是底线，能创新才是王者。”李凯军说得铿锵有力。

作为一名以手工操作为主的模具钳工，李凯军为了保持手的稳定性，把手工操作推向极致，他 20 多年滴酒不沾，且坚持每天做 400 个俯卧撑。如今，已经练就一手绝活儿的他，还是常常把锉刀拿在手里，这是一个匠人多年养成的习惯，更是他技艺精湛、本领高强的最佳诠释。从解放卡车发动机侧盖板到红旗车旗标，李凯军把精湛工艺融入民族工业的宏伟大厦。

学有所思 · 学有所得

你知道工厂生产的“合格品”和“优质品”的区别吗？你如何理解李凯军的这句话？

学有所思 · 学有所得

李凯军的做法正如谚语所说：“拳不离手，曲不离口。”意思是习武的人应该经常练习打拳，唱歌的人应该经常练习唱功，强调熟能生巧和持之以恒的重要性，即只有通过长期的、不间断的练习，才能掌握和精通一项技能。

你是否也有经过长期练习而掌握的技能？

人物小传

李凯军（1970— ）

一汽铸造有限公司模具钳工、中国一汽首席技能大师，高级技师、正高级工程师，国家级技能大师工作室领办人。荣获全国劳动模范、中国高技能人才楷模、中华技能大奖、大国工匠年度人物、全国五一劳动奖章等荣誉和称号。

多年来，李凯军刻苦钻研模具制造专业技能，练就了高超的钳工技术，在高精尖复杂模具加工方面独具特色，出色完成了“三车一机”“红旗工程”等繁重的压铸模具制造任务，先后承担“小红旗”“奔腾”“红旗”等几十套关键自主模具的钳工制造任务，为一汽自主品牌的快速发展提供了核心模具支持。

精益求“金”，为产业强国贡献“工业维生素”

学有所思 · 学有所得

贵金属在工业中有着广泛的应用。例如，银因其高反射性和传导性而被广泛应用于光学仪器的制造中，钌可以在芯片中作为信息互通材料等。

你还知道贵金属在生产生活中的哪些应用？

潘从明在观察物料萃取情况

贵金属主要包括金、银和铂族金属（钌、铑、钯、锇、铱、铂），它们是航空航天、精密电子、生物医药等高科技产业的关键基础材料，其中铂族金属也被称为“工业维生素”。“贵金属为什么贵呢？因为它储量稀少，提取工艺复杂。”潘从明说。我国贵金属资源储量仅占全球的 0.39%，90% 的贵金属需要从矿渣中提炼。要想得到 1 千克高纯度的贵金属，需要对 5 吨镍矿废渣进行反复提纯精炼，经过 40 多道工序、控制 200 多个技术指标。而且，提纯精炼的次数多了，会造成贵金属的浪费；精炼次数少了，就达不到 99.99% 的纯度。如何高效提取贵金属？带着这样的问题，历经数万次反复试验，潘从明不仅开创了全新的工艺流程和技术标准，还填补了国内外铂族金属综合利用的技术空白。

为了发明一套国际领先的提纯工艺，2009 年，潘从明主动请缨要求研发新的铂族金属提炼工

潘从明（右二）在传授颜色判断法

艺。此后4年多的时间里，潘从明全身心投入研发之中，经常坚守在200多摄氏度高温的电热板前，累计开展了10 000多次试验研究，成功研发镍阳极泥中铂钯铑铱绿色高效提取技术。该项技术能从成吨的镍矿废渣中提取出全部6种铂族金属，使每一种贵金属的纯度达到99.99%，有效解决了传统工艺中贵金属回收率低、加工成本高、污染物排放量大等难题。在多家大型企业进行推广后，技术指标大幅提升，达到国内顶尖、国际领先水平。镍阳极泥中铂钯铑铱绿色高效提取技术项目获得国家科学技术进步奖二等奖，潘从明也成为西北五省区首位获此殊荣的一线工人。

学有所思 · 学有所得

联系前面学过的内容，你还知道哪些荣获国家科学技术进步奖的一线技术工人？

为推动我国贵金属冶金技术向高精尖发展，改变我国贵金属冶炼长期依赖国外技术的局面，潘从明还致力于各类贵金属一次和二次资源物料清洁、环保、高效处理技术及装备的研发与应用。如今，潘从明又将目光聚焦到产业发展前沿的二次资源中的贵金属综合回收。“矿产资源终究有限，如果将报废的汽车、电子产品、石油催化剂等资源中的贵金属回收，就能缓解资源短缺。”潘从明说。虽然这些资源成分复杂，但潘从明仍将带领团队继续攻坚。

人物小传

潘从明（1970— ）

金川集团铜贵股份有限公司贵金属冶炼工，特级技师、正高级工程师，国家级技能大师工作室领办人。荣获全国劳动模范、中华技能大奖、大国工匠年度人物、全国五一劳动奖章、全国“最美职工”等荣誉和称号。

从业20多年来，潘从明始终扎根贵金属生产一线，依靠精益求精的工匠精神、炉火纯青的操作技能、敢为人先的创新勇气，不断锤炼自身技艺。他获得国家科学技术进步奖二等奖，先后承担国家和省（部）级重点科研项目9项，完成各类创新项目231项，拥有国家授权专利45项，核心期刊发表论文24篇，出版著作2部。他还攻克了镍阳极泥中铂钯铑铱绿色高效提取、银阳极泥中金铂钯高效提取等多项贵金属冶炼技术难题，为国家战略性新兴产业等领域的发展提供了原材料。

在改革开放波澜壮阔的时代浪潮中，越来越多的技术空白被填补，像刘丽、李凯军、潘从明这样奋战在各行各业的劳模工匠，凭借着坚韧不拔的毅力、勇于创新的精神，用中国人自己的技术标准，创造了中国产业发展的奇迹。

知识加油站

常用的创新思维方法有哪些？

技术领域充满了复杂和动态的挑战。传统的思维方式往往难以找到有效的解决方案来应对快速变化的技术环境和复杂问题。创新思维方法可以帮助技术技能工作者从多个角度思考问题，打破传统的解决思路，从而找到独特的解决办法。例如，大国工匠刘丽在使用口红的时候，获得了改进抽油机井盘根盒的灵感，取得了技术突破。

学会运用创新思维方法，不仅可以锻炼想象力和创造力，找到技术操作的窍门，还有助于推动技术革新，优化工作流程和环节。以下简要介绍6种常见的创新思维方法。

序号	名称	内容	示例
1	发散思维法	从一个点出发，沿着不同方向、从不同角度去思考，尽可能多地探索各种可能性	太阳能背包的设计，在考虑储物功能的同时，将光伏材料融入背包，满足通勤时充电需求，延伸户外场景使用功能
2	联想思维法	通过事物之间的关联，从一个概念联想到另一个概念，从而找到新的思路	从章鱼触手、象鼻的螺旋卷曲形态，联想到机器人的抓取动作，制作成的螺旋软体机器人可实现无损抓取蚂蚁

续表

序号	名称	内容	示例
3	组合创新法	将不同的元素、技术或概念组合在一起，创造出新的产品或解决方案	智能手机将通信、拍照、音乐播放、社交等功能组合在一起
4	头脑风暴法	一种集体性的创新思维方法，在充分肯定他人观点和无批判的环境中，鼓励自由发散思维，发表观点，去粗取精，集思广益	广告公司为某品牌饮料策划广告宣传方案，团队成员自由发挥，提出尽可能多的想法，不拘泥于形式
5	六顶思考帽	一种团队创新方法，用不同颜色的帽子代表不同思维角度 白——事实与数据 红——情绪与感觉 黑——困难与缺点 黄——价值与优点 绿——创意与建议 蓝——管理与决策	某公司讨论是否推出一款新的护肤产品，各成员按照角色分工，从六顶思考帽所代表的角度思考问题，避免单一视角导致以偏概全
6	思维导图	一种图形化的思维工具，通过中心主题和分支结构，帮助人们组织和拓展思路	以产品发布会为中心主题，以发布会不同阶段、所需完成的任务、所需资源、时间安排等作为分支展开，通过思维导图可以直观地看到项目的整体框架和各个部分之间的关系

追光足迹

未来工厂是什么样子的？

通过本单元的学习，我们可以发现现代机器虽然在重复性和标准化任务中表现出色，但仍然需要高凤林、李万君、李凯军这样的顶尖技能人才，凭借他们自己的双手和智慧完成许多机器所不能完成的复杂任务。在创造性与决策能力、复杂场景适应性、情感交互与服务方面，人类有着明显的优势。

对于工业机器人在生产中的应用，在烟台某大型电子制造企业工作的小刚深有体会。2009 年，从技工院校毕业后，他成为笔记本电脑生产线上的一名锁螺丝工。当时的工厂，放眼望去全是人，全烟台厂区有 10 万产业工人。从 2012 年开始，该企业尝试引进工业机器人。到 2019 年上半年，各厂区总计已经拥有 8 万台机器人，员工也随之减少了 7 万人。不过，随着越来越多的机器人加入生产线，小刚也从一线流水线工人成功转型，担任自动化部生产车间主任，带着团队研发了50余种设备和工具。

新一轮科技革命和产业变革迅猛发展，机器将变得更加聪明。在未来工厂中，还需要工人吗？智能化的设备会全面取代人工劳动吗？谁将是未来工厂中的主角？

请以“未来工厂：人工退场，机器登场”为主题，举办一场辩论赛，在思维和语言的火花中，寻找自己的答案。

以下是一些可供参考的正反方论据资料。

正方观点：人工会被机器所取代

可参考的核心论据：

1. 效率与成本优势
2. 技术进步与智能化趋势
3. 安全与质量保障
4. 人类角色的升级转型

……

反方观点：人工不会被机器所取代

可参考的核心论据：

1. 复杂任务与创新能力
2. 灵活性与适应性
3. 人机协同的未来趋势
4. 审美取向与艺术性生产

……

第三单元 技术创新的主力

新时代以来，我国紧跟新一轮科技革命和产业变革趋势，涌现出一大批新兴高科技产业、一大批基础前沿研究的新突破、一大批战略高技术领域的新跨越。从制造到智造，每一项技术研发、每一轮技术变革，都离不开一代又一代劳模工匠的深耕细作、潜心钻研、反复尝试和传承创新。在我国科技创新步伐日益加快的过程中，越来越多的劳模工匠脱颖而出。他们紧紧把握时代脉搏，各尽其能、各展其才，拼搏奋斗、勇攀高峰，大力弘扬劳模精神、劳动精神、工匠精神，带动广大高素质技能人才立足本职岗位创新创造，以平凡书写不凡，用智慧和汗水谱写新时代劳动之歌。

技术工人队伍是支撑中国制造、中国创造的重要力量。

——2022 年 4 月 27 日，习近平致首届大国工匠创新交流大会的贺信

从大国重器到非遗技艺，从飞机火箭到衣食住行，从硬核科技到文化娱乐……走在 1.8 万平方米的展厅里，随处可见令人啧啧称赞的中国制造。2023 年 7 月 28 日，以“匠心筑梦，技能报国”为主题，第二届大国工匠创新交流大会暨大国工匠论坛在北京展览馆盛大举行。47 个参展单位、1 200 多项职工创新成果重磅亮相，一大批高精尖创新技术，在炎热的夏天刮起了一股工匠旋风。

这是大国工匠创新交流大会举办的第二个年头，一年前，以“技能强国，创新有我”为主题的首届大国工匠创新交流大会在北京开幕。这场向大国工匠致敬的盛会，通过线上线下形式全方位展示以大国工匠为代表的广大职工的精湛技能和创新成果，为广大高技能人才搭建交流平台。

习近平总书记发来贺信，向大会的举办表示热烈祝贺。他在贺信中强调：技术工人队伍是支撑中国制造、中国创造的重要力量。我国工人阶级和广大劳动群众要大力弘扬劳模精神、劳动精神、工匠精神，适应当今世界科技革命和产业变革的需要，勤学苦练、深入钻研，勇于创新、敢为人先，不断提高技术技能水平，为推动高质量发展、实施制造强国战略、全面建设社会主义现代化国家贡献智慧和力量。

学有所思 · 学有所得

截至 2024 年 5 月，我国技能人才超过 2 亿人，高技能人才超过 6 000 万人，技能人才占就业人员总量的比例超过 26%，高技能人才占技能人才的比例约为 30%。

查一查美国、德国、日本等制造业强国的高技能人才占比是多少，想一想数据说明了什么。

党的十八大以来，习近平总书记始终高度重视建设高素质劳动大军，多次发表重要讲话、作出重要指示批示，走进车间班组，关心关爱大国工匠、高技能人才的成长成才，勉励他们勤学苦练、深入钻研，不断提高技术技能水平。他多次提到，关键核心技术是国之重器，强调国之重器一定要牢牢掌握在自己手里："真正这些大国重器，一定要掌握在我们自己的手里，一定要靠自力更生"；"关键核心技术是要不来、买不来、讨不来的"；"抓创新不问'出身'，能给国家作出贡献的，就是最重要的"。这些重要论述，为广大劳动群众矢志于技术创新、勇攀科技高峰注入了强劲动力。在党和政府的重视关怀下，全国各地以崇高礼遇褒奖、致敬劳模工匠。创建技能大师工作室、大国工匠工作室，搭建劳模工匠开展传帮带的工作平台，充分发挥大国工匠和高技能人才示范引领作用……

学有所思 · 学有所得

在许多领域，掌握核心技术是立于不败之地的关键。

结合自己所学的专业，谈谈你从这句话中得到的启示。

如今，劳模工匠日益成为全社会最闪耀的群体之一，各行各业的劳模工匠和高技能人才创新创造活力竞相迸发，无数聪明才智充分涌流。他们身上所蕴藏的劳模精神、劳动精神、工匠精神，成为创新创业的重要精神源泉，支撑中国从制造大国迈向制造强国，鼓舞着亿万技能劳动者奋勇前进、建功立业。

第一课　破解"卡脖子"难题

新一轮科技革命和产业变革正以前所未有的速度和深度重塑全球经济格局。在这个进程中，我国面临着诸多国外技术封锁和"卡脖子"难题，严重制约着产业的自主发展和国家竞争力的提升。在这场没有硝烟的科技较量中，我国的劳模工匠和高技能人才挺身而出，成为突破困境、实现技术自主创新的重要力量。

精雕细琢的"拼命三郎"，以匠心铸强劲"中国心"

学有所思 · 学有所得

"龟兔赛跑"和"笨鸟先飞"的故事，都强调通过勤奋和坚持来弥补先天不足或战胜领先的对手。

结合洪家光的话想一想，在技术领域实现弯道超车需要具备哪些条件？

"要想把发动机搞上去，就得比别人付出得更多，要是和别人一样舒舒服服、慢慢悠悠过日子，还要比别人技高一筹，那是痴人说梦。"这句洪家光常说的话，也是他本人的生动写照。从技工院校毕业后，洪家光进入中国航发沈阳黎明航空发动机有限责任公司。这家公司是新中国喷气式航空发动机的摇篮，培育了一代又一代不断奋进的航发人。深植的红色基因、传承的工匠精神不断影响着洪家光。

航空发动机被称为航空器的心脏，也是飞机动力的来源。一台航空发动机的零部件数以万计，是名副其实的高精尖设备。新中国成立后，航空发动机的发展在很长一段时间内没有任何技术可借鉴。叶片是影响发动机安全性能的关键承载部件，如何取得自主技术突破就显得尤为关键。

洪家光在测量零件

面对技术瓶颈，洪家光主动率领团队攻坚克难。他们在多项技术环节大胆创新、不懈钻研，如切如磋、如琢如磨，历经5年多的艰苦探索，终于实现了航空发动机叶片滚轮精度的有效提高，叶片加工质量得到显著提升，为数控制造和批量生产打下坚实的基础。凭借这一成果，洪家光荣获了国家科学技术进步奖二等奖。在颁奖典礼现场，有一位院士询问洪家光是做什么工作的。洪家光回答说自己是一名产业工人。院士非常惊讶地说："获得科技进步奖都是专家、学者和院士，产业工人能获得这个奖项可以说是凤毛麟角。你很了不起！"

学有所思 · 学有所得

设想一下，如果你是洪家光，你将如何回复这句话？

取得极具实用价值的技术成果，离不开"拼命三郎"洪家光多年来的专心钻研和不断积累。在工作中，洪家光积极参加公司组织的各类专业培训，系统学习发动机的空气动力学等学科知识。他还利用业余时间补充专业知识，克服理论上的不足，逐渐弥补自身短板，终于从门外汉一步步走进专业知识的殿堂。

科技探索没有止境，技术攻关亦无穷期。"责任不容我们懈怠，使命不容我们停歇，要打造更强劲的'中国心'，还有更多的难题等着我们去攻克。"洪家光说。面对航空发动机事业发展的黄金时代，洪家光用自己的执着专注、精益求精，感染着新时代的青年奋斗者，向着更高的目标不懈追求。

学有所思 · 学有所得

你知道我们国家有哪些被"卡脖子"的技术领域吗？

洪家光在工作室与团队成员共同攻关

人物小传

洪家光（1979— ）

中国航发沈阳黎明航空发动机有限责任公司高级制造工程师，特级技师、高级工程师，国家级技能大师工作室领办人。荣获全国劳动模范、中华技能大奖、大国工匠年度人物、全国五一劳动奖章等荣誉和称号。

洪家光多次参与重点航空发动机科研项目，攻克了金刚石滚轮成型面加工难题，拥有多项国家发明专利和实用新型专利，获得国家科学技术进步奖二等奖、全国创新争先奖。在他的带领下，“洪家光劳模创新工作室”“洪家光技能大师工作站”申报或取得了31项国家专利，完成多项攻关项目，解决众多技术制造难题，创造了可观的经济效益。

打破“中国不可能”，成为维修人心中的定海神针

高端装备制造业处于价值链高端和产业链核心环节，是衡量国家综合竞争力的重要标志。潍柴控股集团有限公司是我国高端装备制造产业龙头企业，经过近80年的改革创新发展，已成为一家国际化企业集团，是名副其实的行业脊梁。王树军从小在潍柴厂区家属院长大，是一名地地道道的潍柴子弟。小学四年级时，他就在课堂发言中说，梦想是进潍柴当一名工人。

王树军拆检伺服电机

初中时的一次经历，让王树军心中工人梦的蓝图更加清晰。厂区东门有一座漂亮的大钟，每到整点，整个厂区都能听到悠扬的报时钟声。有一天，王树军发现大钟不再报时了，便向老师询问原因，得知是大钟坏了没修好。王树军困惑地问：“我们厂都能造出柴油机，怎么连钟表报时都修不了？”老师说：“可能厂里的维修师傅水平达不到，能修好这个钟的人就能在厂里被叫作‘大师傅’。”从那一天开始，王树军意识到，“师傅”和“师傅”还不一样，水平也有高下之

分。“当个大师傅”的种子在他心里深深扎根。

技校毕业后，王树军如愿进入潍柴成为一名技术工人。寒来暑往，精雕细琢，精益求精，王树军在一个个任务中不断磨炼自己的技术，成为名副其实的“大师傅”。王树军练就了两项高超的技能：一是擅长自动化设备的定制化设计及自主研发制造；二是精通各类数控加工中心和精密机床的维修。

2009 年，一台进口加工中心数控转台出现严重漏油现象，但是返回国外原厂维修至少需要 3 个月。“等不及了，不能让别人‘卡脖子’，我们自己上!”王树军站了出来，他提出了拆解工作台自己维修的建议。“没有一点儿精气神，不敢想、不敢做、不敢闯，那什么也干不成。”在没有任何可借鉴参考资料的情况下，王树军夜以继日地探索，终于成功拆解和修复了这台设备。

学有所思 · 学有所得

王树军说：“没有一点儿精气神，不敢想、不敢做、不敢闯，那什么也干不成。”

从这句话中，你能感悟到王树军的什么品质?

这一次打破对“洋设备”的维修依赖之后，王树军瞄准国外加工中心生产厂家垄断的精密部件维修领域继续跋涉。他潜心研究、大胆尝试，独创多项操作法解决“卡脖子”问题。他自行设计的独立气密保护气路，使光栅尺故障率由原来的 40% 降到 1% 以下，填补了国内空白；独创的垂直投影逆向复原法，成功解决了外国公司龙门五轴加工中心滑环箱故障；研制的机械传动微调感触法，成功完成德国加工中心高精度数控转台的维修装配工作，打破了外国专家垄断维修的局面。

“作为世界第二大研发投入国和知识产出国，我国一些前沿领域开始进入并跑、领跑阶段。然而，一些关键核心技术受制于人的局面依然存在……我们需要做的就是要不断创新突破，掌握更多核心技术，培养更多高技能人才，助力装备制造业的高质量发展。”这是王树军写在自己笔记本上的一段话。那是在 2023 年 9 月，车间里的四期生产线正式上线，但加工中心的核心设备仍然需要从德国进口，王树军有感而发。

学有所思 · 学有所得

产业界有一种说法：卓越的企业做标准，优秀的企业做品牌，良好的企业做产品。这句话揭示了企业在市场竞争中不同的定位和竞争策略，反映了企业在行业中的地位和影响力。

你能根据上述说法列举一些企业吗？在你看来，企业提升竞争力的关键是什么?

王树军正在进行机器人安装调试工作

骐骥一跃，不能十步；驽马十驾，功在不舍。以王树军为代表的劳模工匠，为广大劳动者树立了一个爱岗敬业、勤学实干、追求卓越的榜样。正是千千万万坚守一线岗位、默默奉献、精益求精的高技能人才，为托举中国制造业自主创新、迈向高端贡献了磅礴力量。

人物小传

王树军（1974— ）

潍柴控股集团有限公司维修钳工，首席技师、正高级工程师，国家级技能大师工作室领办人。荣获全国劳动模范、中华技能大奖、大国工匠年度人物、全国五一劳动奖章等荣誉和称号。

王树军常年专注高精尖装备的研制与维护，大胆创新，挑战权威，独创的垂直投影逆向复原法、机械传动微调感触法、弹性支撑替代法、反铣刀法等多项操作法，填补了国内技术空白，解决了生产难题，打破了外国专家垄断维修的局面。近5年来，他带领团队实施各类创新290多项，累计创造经济效益7 800多万元，成为潍柴集团工匠人才队伍的一面旗帜。

掌握关键技术，自主设计制造自动化生产线

研磨、锉削、划线、钻削……这些都是郑志明最熟悉的操作。在日复一日与钢铁的“对话”中，他的技术变得炉火纯青：手工锉削可将零件尺寸精度控制在 0.002 毫米，手工划线钻孔，孔的位置度误差可控制在 0.05 毫米以内，带队研发的微型汽车后桥壳自动化机器人焊接生产线填补国内技术空白，他突破了一项项世界级汽车装备制造难题。

随着汽车产业的快速发展，汽车零部件生产的自动化、智能化成为趋势，技术发展更是一日千里。郑志明不敢停下自己创新的脚步。“关键技术必须得我们自己来掌握”，“助力制造强国是每一个工匠应该去做的事”，“只有不断学习各种技能，掌握更多先进技术，才能与时代同行”，这些是郑志明对自己的要求。在他看来，“高水平钳工，要做到‘人刀合一’。操作台上，一丝一毫都要准确到位”。

学有所思 · 学有所得

“人刀合一”形容技术已达到游刃有余的状态，只有达到“人刀合一”，才能调动全身的能量贯注于刀上，施展精湛的技术。

你能想到与“人刀合一”相关的典故或者故事吗？

在对工艺及设备进行改造的过程中，郑志明发现，公司花大价钱采购来

郑志明的师傅在给郑志明（右）讲解减速器的核心技术

郑志明在安装调试设备

的国外先进设备，如机器人工作站等，虽然看上去“高大上”，但其使用效果并不理想。“我们能不能造出咱们自己的机器人工作站?”瞄准新技术前沿，郑志明从机器人编程、控制技术学起，再到机器人设计制造，经过苦学探索，他硬是啃下了《机器人编程》等十几本书，成为自动化技术方面的“土专家”。此后，郑志明继续带领团队成员设计制造了各种先进的工艺装备与自动化生产线，不仅成本低，生产也特别接地气、好操作。在他们的努力下，公司具备了自主设计制造各种先进的工艺装备与自动化生产线的能力。

“老一辈通过拆解、模仿制造出我国第一台微型车。如今反转了，国外厂家开始拆我们的汽车零部件去研究。”郑志明讲述的我国汽车制造业发展成就的故事，蕴含着一代代技术工人贡献的智慧和力量。当前，郑志明团队正全身心投入新能源汽车智能制造的学习和研发，为今后新能源汽车的高质量发展做好技术储备和人才储备。“让国产汽车变优，不是简单地减重，而是同时提高汽车耐撞性、刚度强度性能、安全性、经济性的系统工程，这关乎我国汽车工业的未来。”郑志明说，“只要精益求精、持之以恒，把手上的活做到极致，靠技能也能成才。”

人物小传

郑志明（1977—　）

广西汽车集团有限公司钳工、首席技能专家，首席技师、正高级工程师，国家级技能大师工作室领办人。荣获全国劳动模范、中华技能大奖、大国工匠年度人物、全国五一劳动奖章等荣誉和称号。

郑志明从事钳工近30年，技术炉火纯青，先后获国家发明专利2项和实用新型专利8项，多项成果获广西先进工艺装备及先进设备改造评比一、二、三等奖。他带领团队共同推动企业智能制造发展，自主研制完成工艺装备1 388项，交付使用工艺、工程装备2 291台（套）。他参与设计制造的涂装、焊接、装配等各类先进的自动化生产线达10余条。

知识加油站

“新八级工”的前世今生

“你的职称走的是哪个序列？”2022 年 10 月 17 日上午，习近平总书记在参加党的二十大广西代表团讨论时，询问坐在他对面、身着车间工服的郑志明。郑志明详细向总书记汇报说：“咱们国家出台了打破天花板的政策，我刚评上特级技师，还评上了高级工程师。”郑志明所说的“特级技师”，正是我国“新八级工”制度中的一个技能等级。

我国的技能人才职业技能等级制度经历了一个不断发展完善的演变过程。20 世纪 50 年代，为了提高工人对技术钻研的积极性，我国确立了“八级工”制度，从一级到八级，每个等级对应不同的技术水平、岗位职责和收入待遇。

改革开放以后，随着劳动人事制度改革和社会主义市场经济体制的建立，老“八级工”分级难以适应实际需求，逐渐被简化为初、中、高三级，20 世纪 90 年代，又增加了技师、高级技师，形成“五级”技能等级评价体系。

2022 年 3 月，为了进一步畅通技能人才发展通道，提高其待遇水平，人力资源社会保障部制定出台《关于健全完善新时代技能人才职业技能等级制度的意见（试行）》，在原有“五级工”的基础上，向下补设“学徒工”，向上增设“特级技师”和“首席技师”，形成由学徒工、初级工、中级工、高级工、技师、高级技师、特级技师、首席技师构成的“1+5+2”的“新八级工”制度。

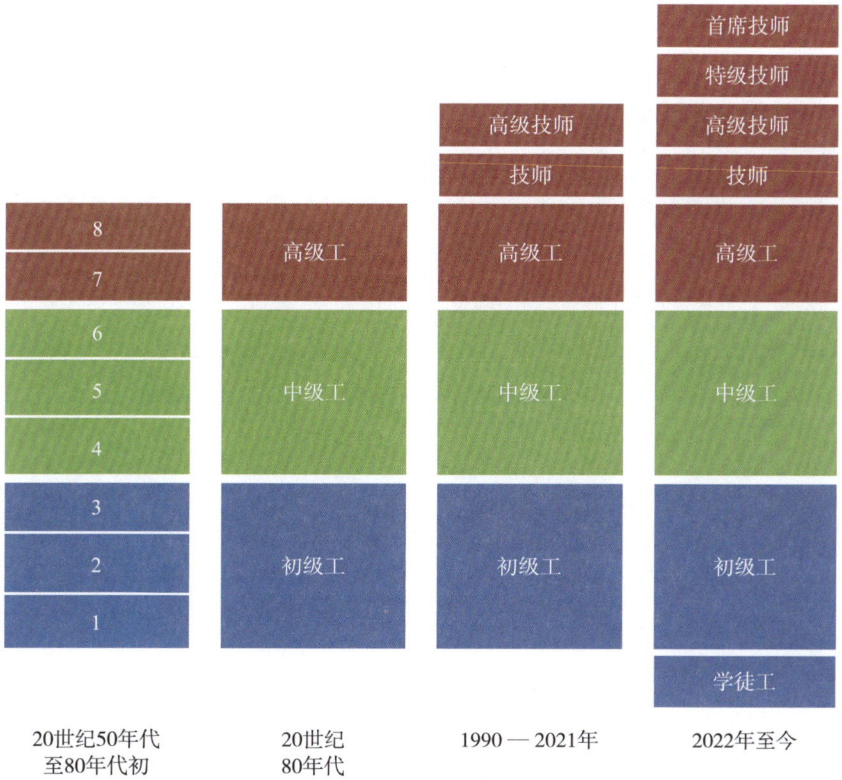

中国职业技能等级体系的演变

人力资源社会保障部的统计显示，截至 2023 年 6 月，全国有 2.4 万多家企业自主开展技能人才评价，8 000 多家社会评价机构开展社会化职业技能等级认定，累计近 2 100 万人次取得职业技能等级证书，其中 690 余万人次取得高级工及以上职业技能等级证书，初步建立起技能人才职业技能等级制度和多元化评价机制。

如今，郑志明已经获得了最高级别的首席技师职业技能等级证书，待遇与教授、研究员等正高级职称相同。从“老八级工”制度到“五级”技能等级，再到如今的“新八级工”制度，变化的不仅是数字，更是我国不断完善的技能等级链条。这一体系更加客观地反映了技能人才的等级水平和职务岗位，为技能人才职业发展开辟了更广阔的空间。同时，建立与职业技能等级序列相匹配的岗位绩效工资制度确保了技能工作者多劳多得、技高者多得，真正让技能人才有稳定岗位、有事业舞台、有上升通道，让技能人才更有获得感、幸福感、安全感。

追光足迹

他山之石——工匠故事会

作为一种人类普遍认可和崇尚的精神特质，工匠精神在世界上许多国家都备受尊崇。

请广泛搜集国外反映工匠精神的案例，举办一场“他山之石——工匠故事会”，理解故事之中所蕴含的工匠精神的内涵，借鉴其中的有益做法，培养技术技能探索的兴趣。

以小组为单位讲述故事并讨论以下问题：

1. 故事中工匠精神体现在哪些方面？
2. 你从故事中学到了什么？
3. 你最敬佩故事主人公的哪些品质？最欣赏哪些行为？
4. 你认为工匠精神在现代社会的重要价值是什么？
5. 不同国家工匠的风格和特征有何异同？对你有哪些启发？（举例说明）

第二课　攻关高精尖前沿

科技创新能够催生新产业、新模式、新动能，是发展新质生产力的核心要素。当前，我国以科技创新引领现代化产业体系建设，特别是以颠覆性技术和前沿技术促进新质生产力快速发展，人工智能、新能源等新兴技术成为推动产业升级和经济发展的核心驱动力。技艺精湛的劳模工匠，在新技术、新工艺、新装备的研发和应用中发挥了重要作用。

仰望星空，在太空缔造中国梦

每当你在夜晚凝视皎洁的月亮，是否会联想到嫦娥和玉兔的传说故事？2019 年 1 月 3 日，嫦娥和玉兔的故事迎来了新的版本。由中国发射的月面巡视器“玉兔二号”跟着“嫦娥四号”登陆月球背面，在人类历史上首次实现月球背面软着陆和巡视勘察。截至 2024 年 9 月，设计寿命只有 3 个月的“玉兔二号”，已经在月球上“超期服役”5 年多。这只月球上最勤快的“打工兔”，正是由王曙群带领团队完成的总装工作。

学有所思 · 学有所得

有兴趣的话，可以探索了解有关“玉兔二号”和“嫦娥四号”的有趣故事。

王曙群（右）在做示范讲解

王曙群在检验工件

“脚踏实地，仰望星空”，不仅是王曙群写在工作室墙上的一句话，更是他作为航天一线技术工人的铮铮誓言。从“神舟八号”到“天宫”“天舟”，从空间站建设到“玉兔探月”，中国航天科技集团第八研究院的首席技师王曙群是我国航天事业蓬勃发展的参与者、建设者、见证者。从一名技校毕业生成长为大国工匠，王曙群走的是一条技能成才、技能报国之路。

空间交会对接是两个载人航天器实现轨道交会并完成对接的过程，也被形象地称为“在太空中拧螺丝”。从 1995 年开始研制空间对接机构，到 2011 年“神舟八号”飞船和“天宫一号”飞行器成功实现“太空之吻”，是整整 16 年的披荆斩棘，是无数个不眠之夜的攻关试验。王曙群带领团队通过上千次模拟试验、排查数万个零部件和 150 多万个试验数据，经过一年多的苦苦摸索，终于破解了锁系同步性难题。回忆起日夜在车间奋战的场景，王曙群说：“很多工作都是从拧好一颗螺丝开始的。”

在月球车试验阶段，要进行长达 2 个月不间断的模拟试验。在篮球馆般大小的试验室里，王

学有所思·学有所得

王曙群说：“很多工作都是从拧好一颗螺丝开始的。”

你从王曙群的这句话中得到了什么启示？

曙群和团队的年轻人并肩奋战。他们头戴防尘口罩、护目镜，身穿防静电服，在火山灰堆积而成的沙坑、岩石等模拟环境中，进行月球车模拟月面移动、爬坡、越碍等多项试验内容。一天下来，他常常灰头土脸。王曙群用自己的言传身教，传递着攻克航天科技前沿的密码。

“只有对自己从事的职业有职业认同，才会有敬畏之心，才能够专心专注投入。任何一项科技进步都需要长时间踏踏实实地去做很多的基础性工作，只有把这些基础工作做到一定数量，才能发生质的变化。”王曙群说。从事这项工作，既要有仰望星空的梦想，更要有脚踏实地的努力；也只有脚踏实地的工作，才能支撑得起仰望星空的梦想。

展望未来，王曙群表示，新时代对产业技术工人提出了新的要求，当下科技快速发展、产业变革迅速，知识和技能也在快速“折旧”，产业技术工人只有通过学习和创新才能不被时代“折旧”。

学有所思 · 学有所得

人们常说量变引起质变。技能学习的过程，也是不断积累的过程。一次次看似枯燥乏味的技术动作重复，恰恰是领悟其中诀窍的途径。

你对此有何感想？

人物小传

王曙群（1970— ）

上海航天设备制造总厂有限公司对接机构总装组组长，首席技师、高级工程师，国家级技能大师工作室领办人。荣获全国劳动模范、中华技能大奖、全国五一劳动奖章、中国载人航天工程突出贡献者等荣誉和称号。

多年来，王曙群坚守航天装配一线，致力于航天飞行器精密机构类产品的总装总测工作，是突破对接机构制造技术研制团队的主要成员，实现我国对该项技术的完全自主可控，交付的产品参与“神舟”“天宫”“天舟”等重大型号发射任务10余次，并完成多次太空交会对接任务，为建成中国人自己的空间站作出了重要贡献；参与完成“嫦娥”工程的多种产品研制，有力保障了我国首次地外天体的巡视及首次月球土壤采样返回任务的圆满成功。获得国家科学技术进步奖二等奖、何梁何利基金2023年度科学与技术创新奖。他带领团队攻克了一个又一个技术难关，为我国在星辰大海的征途中走得更快、更高、更远贡献了智慧与力量。

从零到一，让中国标准成为世界标准

电能表，也就是我们日常生活中常见的电表。它一头连着百姓，另一头连着国家，必须经过严格的计量检定后才能安装入户。为了让电能表的计量检定更快、更准、更好，黄金娟扎根电能计量检定生产一线，成功研制了世界上首条电能表自动化检定流水线，实现了电能计量自动化检定从无到有的突破，成为智能化计量检定的领创者。

2024 年，黄金娟历时 6 年牵头制定的《IEC62057-3 电能表自动化试验系统》国际标准正式发布，这是该领域第一个由中国人牵头制定的国际标准，为中国企业在国际市场上赢得更多话语权迈出了重要的一步。早在 2018 年，黄金娟就将目光投向了电能表智能检定国际标准。随着我国电能表智能化计量检定技术在丹麦、韩国、马来西亚等国家推广，黄金娟意识到，在技术出海后，必须同时推进标准化建设，掌握更多国际话语权和自主权。2019 年退休后，她系统性学习，定期与受邀单位的年轻团队研讨技术业务，帮助企业进行数字化提升……繁复的工作填满了她的退休生活，她笑言自己是个闲不住的人，也正是这份执着专注，推动着她在电能表计量检定领域不断创新。“一路走来，我感觉创新不全是高大上的事情，我们一些职工也可以创新，创新的平台就是我们自己所实践的岗位，就是解决实际工作当中的难题、问题。同时，作为技术工人，我们不仅在技术上要创新，还需要在标准化建设中创新。”谈及自己的奋斗历史，黄金娟谦逊又充满自信地说道。

1984 年，刚刚技校毕业的黄金娟进入绍兴电力局从事电能表计量检定工作。她每天站在密密麻麻的接线前，眼睛一直盯着刻度与报表进行检定。进入 21 世纪，电能表更新换代加速，电能表计量检定工作量也成倍增长，但仍停留在人工操作阶段。2007 年，黄金娟提出“机器换人”的设想：利用自动化控制技术实现电能表智能化检定。这在当时人工检定的大环境下，无异于异想天开，但黄金娟就是想把“异想”变为现实。她身上有一股钻劲儿，为了解决难题经常废寝忘食。有一

学有所思 · 学有所得

创新不全是高大上的东西，普通人立足岗位，善于观察，勤于思考，勇于提出自己的新想法新创意，都有机会在自己的领域内取得创新成果。

次，为了获取自动接拆线气缸的最佳推力值，她一连试验了数千次。为解决电能表自动拆接线难题，她用了6年时间潜心钻研，画了上千张草图，提出了最佳拆接线方案，使作业时间由45分钟缩短到2秒，效率是之前的1 350倍。“电能表智能化计量检定技术与应用”研发成果也让黄金娟成为首位获得国家科学技术进步奖二等奖的女性工人。执着专注、追求卓越的黄金娟没有就此止步，她的研究成果还成功延伸应用于燃气表、水表检测，为提升电、水、气等计量仪表的质量水平提供了有效的解决方案。

学有所思 · 学有所得

意大利文艺复兴时期的艺术家米开朗琪罗曾说过“天才是永恒的耐心”。真正的天才不仅仅有天赋，更有持之以恒的努力、对细节的追求、克服困难的勇气以及对完美的执着。希望这句话能激励我们在追求梦想的道路上保持耐心，用时间和努力去实现自己的目标。

数十年如一日，黄金娟以饱满的热情、昂扬的斗志、执着的追求扎根电能计量第一线，无怨无悔地奉献着汗水和智慧，被誉为醉心钻研的老黄牛和细节之美的追逐者。“匠心贵在坚守。始终以积极乐观的心态不断超越自我，在岁月中磨砺进步。没有最完美，只有更完美。”黄金娟说。

人物小传

黄金娟（1964—　）

国网浙江省电力有限公司高级技师、高级工程师。荣获全国技术能手、大国工匠年度人物、全国五一劳动奖章、全国“最美职工”等荣誉和称号。

黄金娟长期从事电能计量检定一线生产和技术研究工作，取得发明专利130余项，获得国家科学技术进步奖二等奖，成为该奖项设立以来首位获奖的女性工人。她牵头研发的“电能表智能化计量检定技术与应用”成果，成为我国首套电能表智能化计量检定系统，实现了电能表检定从人工操作向智能化作业的跨越式变革，累计创造经济效益超26亿元。她牵头制定的《IEC62057-3电能表自动化试验系统》国际标准，是该领域第一个由中国人牵头制定的国际标准，为中国企业在国际市场上赢得更多话语权迈出了关键一步。

勇攀高峰，将自己的算法跑在国产芯片上

“一个人工智能产品就像一个孩子，它刚学会回答问题时，我觉得特别兴奋，感觉自家孩子开始思考了。”汉王科技股份有限公司算法工程师彭菲，将大语言模型算法视为自己的孩子。“我发现它经常胡说八道，产生一些幻想，开始为它担心。”彭菲一点点教会大语言模型算法去听、去说、去学习。“看着我的孩子茁壮成长，我为此感到骄傲。”

学有所思·学有所得

人工智能技术已经广泛应用在交通、医疗、教育、娱乐等多个领域，给人们的生活带来了许多新的变化。

你能列举一些例子吗？

近年来，人工智能在全球范围内发展迅速，在深度学习、自然语言处理和计算机视觉等领域取得了显著进展，其技术突破和应用落地正深刻改变着社会。现在提到人工智能，人们首先想到的可能是“无所不知”的深度求索（DeepSeek）、能实时翻译的智能眼镜、会“丝滑跳舞”的机器人，等等。但是对于彭菲而言，炫酷的人工智能背后是数学算法、网络模型和海量训练。

采用人脸识别技术的现代门禁系统

参加工作后，彭菲接到的第一个任务，就是对人脸识别产品进行升级。当时，我国的人脸识别技术虽然打破了国外的垄断，但相关产品使用的仍是国外的芯片。为了实现全面国产化，彭菲和团队从底层技术入手，阅读大量文献，一行一行地做代码优化，一次又一次地修改算法。历经数月的奋战，他们创造出了一套全新的核心算法，将原有算法提速近10倍，一跃成为全球运行最快的同类产品之一。经过无数次从零开始，2020年2月，彭菲团队终于在国内率先推出了深度学习人脸识别算法，成功应对了佩戴口罩带来的识别挑战，其识别速度达到毫秒级，准确率超过99.99%。

“将自己的算法跑在国产芯片上，是让人非常自豪的。这不仅打破了技术壁垒，而且大大降低了成本，产品价位从万元级降到了千元级，不仅在国内被广泛应用，还出口到了国外。”彭菲说。后来，搭载该算法的人脸识别产

品不仅被应用到 APEC 峰会、G20 峰会等大型活动中，相关产品还畅销全球 50 多个国家和地区，创造了近 10 亿元的经济效益。

随着通用型人工智能的蓬勃发展，彭菲也投身到相关的研发之中。人工智能技术的快速迭代，对从业者的知识更新提出了非常高的要求。“永远都有新东西出现，你必须一直去学习。”彭菲说。她享受不断探索新事物的过程，让自己从每项任务中都有所收获、有所提升，与人工智能共同成长。

在工作中，对待每一项任务，彭菲都格外严谨，尽力踏踏实实地做好。她还毫无保留地帮助团队成员提升前沿技术探索和行业应用创新方面的能力，经常带头查文献、改算法、盯测试，要求大家主动思考、踏实上进、精益求精、追求卓越。目前，她负责的大模型产品，已经可以为古汉语、法律、办公、医养等多领域提供人工智能的赋能支持。例如，搭载了教育大模型的产品，可以进行批改作业、口语陪练、阅读陪伴等工作，就像专属的人工智能教师。彭菲坚信，人工智能是一项可以造福人类的技术，它虽然充满了未知与挑战，但同时也蕴藏着无穷的潜力。

学有所思 · 学有所得

人工智能技术成为当今全球竞争最激烈的前沿科技之一。科研工作者提出的人工智能理论和算法往往需要经过工程技术人员的优化和调整，才能在实际应用中高效运行。例如，在智能农业领域，需要工程技术人员采集土壤、气象、作物生长等多维度数据，并对其进行筛选、标注等处理，为后续的模型训练提供高质量的数据。

你能想到工程技术人员助力人工智能应用落地的其他案例吗？

人物小传

彭菲（1986— ）

汉王科技股份有限公司研发中心研发经理，高级工程师，兼任中华全国总工会女职工委员会副主任。荣获大国工匠年度人物、全国五一劳动奖章等荣誉和称号。

彭菲 2010 年进入汉王科技担任算法工程师。多年来，她致力于人脸识别及其他生物特征识别、智能视频分析、多模态大模型等人工智能领域算法研发和创新工作，先后获发明专利授权 17 项，涉及公安、教育、建筑、安防等多个领域。

新时代以来，我国科技发展成就举世瞩目：“嫦娥”探月、“天和”驻空、“天问”探火、“墨子”传信，遨游太空的中国高度不断刷新；智能高铁提速、超级计算机的强大性能展现、5G 加速赋能千行百业，日新月异的中国速度不断提升；“地壳一号”挺进地球深处，“奋斗者”号极限深潜，“海斗一号”完成万米海试，探索未知空间的中国深度不断解锁；量子计算原型机“九章”问世，北斗导航提供全球精准服务，新能源汽车、锂电池、光伏产品给中国制造增添了新亮色，科研“无人区”的中国广度不断拓展……

在新一轮科技革命和产业变革的时代浪潮中，卓越的劳模工匠和高技能人才在破解“卡脖子”难题、探索高精尖技术前沿方面发挥了不可替代的重要作用。他们以坚定的信念、非凡的智慧和不懈的努力，推动我国在关键技术领域实现自主创新，有力支撑了我国高新技术产业在新一轮科技革命中的自主发展，引领了全球产业发展潮流。

知识加油站

人工智能的“智能”从哪里来?

近年来，人工智能技术正在迅速走进人们的日常工作与生活。如果说蒸汽机的发明解放了人类的体力，那么人工智能的应用则让解放人类的智力成为可能。

在人工智能的发展史上，有两个里程碑式的事件。一是 1950 年，阿兰·图灵提出著名的图灵测试，即如果一台机器能与人类通过通信设备对话并不被辨别出其机器身份，则称这台机器具有智能。可以说，图灵测试从计算科学的角度提供了一个人工智能的定义。二是 1956 年，约翰·麦卡锡、马文·明斯基、克劳德·香农与纳撒尼尔·罗切斯特在美国达特茅斯学院举行的一场研讨会上，将人工智能的研究目标确定为：让机器能像人那样认知、思考和学习。

在科学家们前赴后继的努力下，人工智能得到了巨大的发展，并在许多领域取得了惊人的成就。人们常说的机器学习，是人工智能的核心技术。机器学习主要通过算法使机器从数据中自动学习规律，并根据学习到的信息作出决策或预测，而不是通过特定程序来完成特定任务。深度学习是机器学习的一个重要领域，通过模仿人脑的神经网络结构，自动提取数据特征，处理更加复杂的数据。比如，语音助手和图像识别系统大多使用深度学习技术。

数据、算法和算力是人工智能获得智能的三个核心要素。它们在学习的过程中各自扮演怎样的角色呢？用一个简单的比喻来说明：数据是人工智能的课本，里面包含文字、图片、声音等需要学习的基础知识；算法是人工智能的学习方法，通过一系列的指令，告诉计算机如何从数据中提取规律，并根据规律作出判断；算力是人工智能的学习效率，高性能的处理器更适合快速处理海量数据。

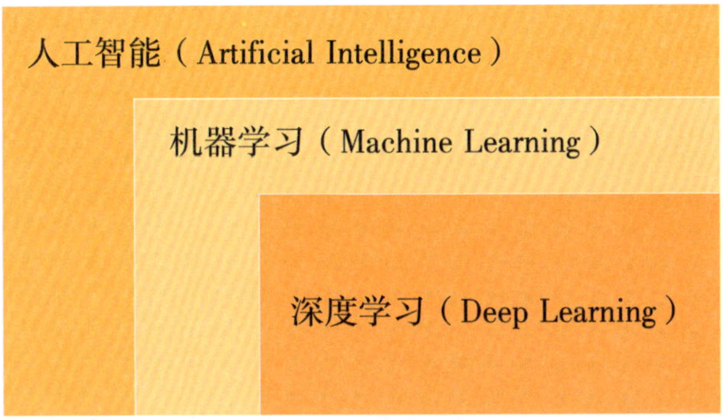

人工智能、机器学习和深度学习的关系

人工智能获得智能的三个核心要素

追光足迹

智享未来——人工智能创意作品展示

当前，人工智能（Artificial Intelligence，简称 AI）技术在实际生产生活中得到广泛的应用，包括各类 AI 助手，生成式大模型、机器人、医疗影像自动诊断、无人驾驶汽车、智能家居，等等。这些日新月异的人工智能技术给人们的工作生活带来了巨大影响。

有人说，用好 AI= 人类创意 +AI 效率。在学习和生活中，相信你也常常会借助 AI 来完成各种任务和奇思妙想的创意。请以“智享未来”为主题，举办一场在 AI 的帮助下完成创作的创意作品展示活动。

一、活动目标

1. 通过使用 AI 进行创作，体验它们的应用场景和功能效果。

2. 比较不同 AI 平台的创作效果，为不同类型的需求寻找相匹配的应用，提升对 AI 技术的应用能力和创新思维。

二、课前准备

同学们自由结组（每组 1～5 人），借助 AI 工具创作自己感兴趣的创意作品。每个小组选择一个创意赛道（如绘画、音乐、故事、设计等），利用 AI 助手进行创作。每组需完成“AI 工具使用报告”，简要记录工具名称、操作步骤、创意亮点。同学们可以使用 AI 助手帮助选择最适合完成任务的工具：

创意赛道	任务示例	使用工具
AI 艺术家	设计主题海报或创作科幻插画	
AI 故事王	生成奇幻故事或进行主题写作	
AI 设计师	设计一个便捷生活工具，如有能力请尝试建模	
AI 音乐人	为即将到来的节气创作一首歌	

三、作品展示

1. 分组展示作品，简要介绍作品的创作灵感，重点说明 AI 如何帮助了你以及你在创作过程中遇到的问题和解决方法。

2. 分享使用人工智能的感受和认识，以及在未来学习和生活中打算如何更好地利用 AI 助手，讨论“AI 还能帮我们做什么”等话题。

四、评选总结

1. 投票评选出“最佳创意奖”“智能技术应用达人奖”等奖项。

2. 讨论 AI 在创意设计中的潜力和价值，总结正确使用 AI 的方法和注意事项，如不能过度依赖、要学会辨别信息真伪等。

第四单元
文化传承的使者

每一种文明都延续着一个国家和民族的精神血脉，既需要薪火相传、代代守护，更需要与时俱进、勇于创新。文化遗产保护领域的劳模工匠，不仅是传统技艺的守护者，更是推动中华优秀传统文化创造性转化、创新性发展的践行者。他们是手艺人，也是“守艺人”。凭借精湛的技艺和深厚的文化底蕴，劳模工匠不仅传承守护了传统技艺的精髓，而且积极参与文化创新实践，让收藏在博物馆里的文物、陈列在广阔大地上的遗产、书写在古籍里的文字“活”了起来，展现了中华优秀传统文化的独特魅力，增强了全社会对传统文化的认同感和自豪感。

文物保护修复是一项长期任务，要加大国家支持力度，加强人才队伍建设，发扬严谨细致的工匠精神，一件一件来，久久为功，做出更大成绩。

——2023 年 7 月 26 日，习近平在四川考察三星堆博物馆新馆时的讲话

“沉睡三千年，一醒惊天下”。在位于四川省德阳市广汉市的三星堆遗址里，埋藏着成千上万件青铜器、玉器、象牙……从首次发现至今，三星堆考古已经走过近一个世纪的历程。在一代又一代考古工作者的手中，通天神树、青铜纵目面具、青铜鸟足神像等昔日蒙尘的器物恢复了原本的熠熠光彩。

学有所思 · 学有所得

当下，三星堆还有许多新出土文物有待保护修复。完成这项工作，不仅需要时不我待的责任感，更需要凝神屏息的细致耐心。

结合文物保护工作的特点，谈谈你如何理解文中习近平总书记所说的话？

2023 年 7 月 26 日下午，习近平总书记走进三星堆博物馆的文物保护与修复馆，仔细察看文物保护修复工作流程细节和最新技术。“这个工作不容易！发扬慢工出细活的精神，慢慢来，久久为功，搞成一件是一件。谢谢你们为文物保护作出的贡献。”总书记说。

泱泱中华，历史悠久，文明博大。党的十八大以来，习近平总书记的文化足迹遍及全国，考察文化遗产，探寻文明根脉，对文化遗产保护传承作出一系列重要指示批示。在江苏苏州古城平江历史文化街区，习近平总书记对苏绣代表性传承人卢建英说：“中华优秀传统文化代代相传，表现出的韧性、耐心、定力，是中华民族精神的一部分。”在天津古文化街的老字号泥人张，总书记看到一位手艺人正专注修复“孔子抚琴”的泥塑，感慨地说：“一代代接续的工匠精神，让文脉得以绵延不息。”在江西景德镇，总书记与

一位老师傅交谈："很高兴看到陶瓷事业有这么多的传承人、继承人，这个事业要不断发展下去。""一辈子做一件事，祖祖辈辈干一件事，不是简单的事。要坚持走自己的路，不能见异思迁。老祖宗传下来的优秀传统文化，我们要继续攥在手里，与时俱进，让它发扬光大。"

"与时俱进，让它发扬光大"，这是对非遗传承人的勉励，也是对每一位中华儿女的殷殷期待。工匠精神根植于中华优秀传统文化的深厚土壤。《诗经》中吟诵的"如切如磋，如琢如磨"，鲁班造锯、蔡伦造纸、庖丁解牛的技艺超凡，曾侯乙编钟、四羊方尊、"马踏飞燕"的精美雅致……都是中华民族先民工匠精神的生动呈现。新中国成立后，一批又一批技能劳动者在党的领导下，传承、弘扬工匠精神，用奋斗创造了一个又一个中国奇迹。在长期实践中，形成了执着专注、精益求精、一丝不苟、追求卓越的工匠精神。历史文化遗产不仅生动述说着过去，也深刻影响着当下和未来；不仅属于我们，也属于子孙万代。用心用情用力做好文物保护利用和文化遗产保护传承各项工作，需要更多的劳模工匠传承与创新技艺，让中华优秀传统文化在新时代焕发勃勃生机。

学有所思 · 学有所得

文物和文化遗产承载着中华民族的基因和血脉，是不可再生、不可替代的中华优秀文明资源。近年来，我国积极推进文物保护利用和文化遗产保护传承，创作了一系列文化产品。

你平时关注中华优秀传统文化相关的内容吗？请列举让你印象深刻的文物或者文化产品。

第一课　守护传统技艺

中华文化是我们提高国家文化软实力最深厚的源泉，是我们提高国家文化软实力的重要途径。许多劳模工匠作为非遗传承人，全身心地投入到传统文化的保护和传承中，练就了一手精湛的传统技艺。他们热爱文化传承事业，努力提升非遗技艺和文化品质，持续扩大影响力；他们追求卓越，克服重重困难，只为原汁原味保留中华传统文化精髓；他们言传身教，将传统技艺毫无保留地传授给年轻人，让文明之脉代代相传。

在毫厘之间起舞，守护“纸中之王”文化瑰宝

一槽纸浆、一张竹帘，左边抄一下、右边抄一下，一张薄如蝉翼的湿润宣纸，便显了形。整个过程行云流水、一气呵成。下水的深度、纸浆的浓度、动作的力度一直在变，始终影响着一张宣纸的好与坏、厚与薄、纹理和丝路。有人说捞纸的动作像跳舞，中国宣纸股份有限公司的捞纸工周东红从 1986 年参加工作，对着纸槽起舞近 40 年，捞制的宣纸有一千多万张。

“轻似蝉翼白如雪，抖似细绸不闻声。”以青檀树皮、沙田稻草为主要原料的宣纸，最早在唐代典籍中便有记载。宣纸是中国书画艺术的重要载体，因其独特的润墨性、易展性、耐久性和抗虫性，有着“纸中之王”“千年寿纸”的美誉。它的诞生既离不开大自然的馈赠，也离不开一代代泾县人的传承与创造。“宣纸制作技艺”被誉为世界手工造纸技艺的“活化石”，于 2009 年被联合国教科文组织列入人类非物质文化遗产代表作名录。

周东红在进行“放帘”操作

学有所思 · 学有所得

你用过宣纸吗？你觉得它和其他纸的区别是什么？

“一帘水靠身，二帘水破心”是周东红总结出的捞纸诀窍，即要做到一帘水深，二帘水浅。水槽中的纸浆是“娇气”的，错过最佳时间，便会沉淀、变质，也就无法制作出一张完美的宣纸。周东红介绍：“捞纸不仅是个苦差事，也是门技术活。决定宣纸成败的就是捞纸关，纸张

的好与坏、厚与薄、纹理和丝路全在这一‘捞’上。”宣纸制作技艺极其烦琐复杂，至今无法被机器生产取代，一张宣纸从投料到成纸，要经历 18 个环节、100 多道工序。每捞出一张纸，纸浆的浓度就变化一次。如何控制好每一张纸的厚薄，其中的微妙全凭捞纸工的经验。捞纸工要做到心手合一、收放自如，才能让水帘上的纸浆薄厚均匀，捞出的纸才会白如冬雪，薄似春云。

学有所思 · 学有所得

在中央广播电视总台制作的《大国工匠 · 捞纸大师：周东红》的节目中，详细讲述了周东红的匠心故事。

有兴趣的同学可以搜索观看视频，了解宣纸制作背后更多的精彩故事。

对捞纸工来说，纸张越薄越难、越大越难。1993 年，周东红所在的公司接到订单，生产一种失传已久的“扎花”宣纸，成品重量只有正常品种的一半。那段时间，周东红和搭档整天守在车间，一遍遍试验捞纸的力度、角度，还参与到纸浆浓度的调配中，了解“扎花”的精髓，参透它的制作技巧。几经试验，终于让“扎花”重现于世。“薄如蝉翼，洁白如雪，那是我捞过的最薄的纸，真是漂亮！”周东红至今仍然清晰地记得初见“扎花”时的惊艳。

几十年的捞纸生涯，周东红在苦练中“日久见匠心”。公司生产的宣纸高达 100 多种，周东红作为技术带头人要掌握 100 多种宣纸制作的技术要领，

周东红在进行“二帘水破心”操作

熟悉100多种水浆动态，练就100多种分寸得当的手感，体味100多种细微差别……经他捞制的神龙祥云御用宣、香港回归纪念宣、澳门回归纪念宣等特种规格及要求的精品宣纸，数不胜数。正是因为他精湛的技艺和严谨的态度，国内许多知名书画家都点名要他做的宣纸。

三百六十行，行行出状元。要想做好一件事，就必须勤学苦练、不断钻研、精益求精，才能创造不平凡的业绩。周东红言传身教，带出了30多名徒弟，培养出一批先进工作者、工艺美术师和捞纸技艺传承人。他希望更多年轻人进入捞纸这个行业，把老祖宗留下的技艺一代代传承下去。“天天和同事一起捞纸、吃饭、探讨捞纸技术，是一种快乐。”周东红说。

学有所思 · 学有所得

有人说，做自己喜欢的事，就是最简单的快乐。但要想做好自己喜欢的事，却需要有“苦中作乐”的精神。

你如何理解这句话？

人物小传

周东红（1967— ）

中国宣纸股份有限公司捞纸工，国家级技能大师工作室领办人。荣获全国劳动模范、大国工匠年度人物、全国五一劳动奖章、全国“最美职工”等荣誉和称号。

1986年开始从事捞纸工作至今，周东红凭借坚韧的毅力，练就了一身扎实的基本功。他总结出了“一帘水靠身，二帘水破心”的捞纸诀窍，先后进行大小技术革新项目30余项，改进宣纸生产工器具20余件，创新捞纸技术10余项，赋予了传承千年的宣纸技艺新的时代价值。

传承中华烹饪技艺，演绎舌尖上的文化魅力

学有所思 · 学有所得

在你的家乡有哪些有名的传统美食？查一查它们的制作技艺是否入选非物质文化遗产代表性项目名录。

民以食为天。饮食既是我们日常生活的一部分，也是人类文明的重要组成部分。源远流长的中华优秀传统文化孕育出了博大精深的中华饮食文化。饮食文化所代表的不只是食物本身，更是历史和现实生活的连接点，需要不断传承制作技

艺，以实现一种“活态传承”。国家级烹饪大师赵仁良以巧手匠心，精准掌握传统烹饪技艺的精髓，创造了一道道美味佳肴。

宽敞明亮的厨师操作间内，身着洁白的厨师服，腰间的细带子随着疾步转身，微微飘动，似乎总透出那么一股“仙气儿”。“嚓嚓嚓”三刀便能将一条整鱼剔好，1 分钟内起肉切松鼠花，2 分钟内在毛巾上将四两肉丝切得如火柴棍般粗细均匀，甚至在几分钟内完成整个食材的分切处理。一道道中式烹饪的菜肴相继而出，看起来至清至简，尝一口便会感叹其美味在舌尖上的玄妙。这一套赏心悦目、行云流水的操作背后，是赵仁良苦学技艺几十年的沉淀与传承。

有人说做厨师又苦又累，但赵仁良乐在其中，因为他对餐饮事业爱得深沉。从 1964 年在上海和平饭店入行，赵仁良一干就是 60 余年。赵仁良曾在上海和平饭店拜著名厨师林九为师，他不仅跟着师父林九学习制作粤菜，也跟着做上海菜和川菜的师傅学习。在这座见证了上海百年风雨的地标性建筑里，赵仁良带着一种自豪感去学习、工作，练就了扎实的基本功。回想起学艺初期，赵仁良感慨当时“生怕技术跟不上，一定要刻苦学习”。

学有所思 · 学有所得

“带着自豪感去学习”是一种积极的学习态度和心理状态，它意味着一个人在学习过程中能够感受到自身的价值和成长，从而产生一种由内而外的自豪感。这种自豪感可以来源于对知识掌握的喜悦、对学习能力的自信，或者是对自己努力付出的认可。

赵仁良在烹饪

赵仁良在国际饮食文化交流节目中做演示

随着岁月磨砺，他不仅擅长多种菜系的中式烹饪，刀工和雕刻亦技术精湛，尤以全鸡脱骨堪称一绝。不仅如此，即使是一枚普通的鸡蛋也可以在赵仁良的手中绽放出银丝般的美妙姿态。他把煮熟的鸡蛋去掉蛋壳和蛋黄，用精湛的刀工将蛋白切成像头发一样的细丝，令人惊叹不已。由于厨艺出众，1980 年到 1981 年，赵仁良由国家部委选派，前往罗马尼亚首都布加勒斯特。在那里，赵仁良带教 12 位外国厨师学习中餐，开启了教学和培训工作。1988 年，经过预赛、复赛等层层选拔，赵仁良入选上海市代表队，参加了在北京举办的第二届全国烹饪技术比赛，获得金牌 1 枚、银牌 1 枚、铜牌 3 枚，并获得“三项全能”奖杯。20 世纪 90 年代，赵仁良多次作为中国高级厨师代表团的成员出国参加国际比赛，多次斩获国际烹饪奖项。1997 年，赵仁良获得第三届中华技能大奖（全国共 10 名，餐饮业仅 1 名）。此后，赵仁良多次出色完成国宴接待工作，成为名副其实的国宴大师。

赵仁良的烹饪理念是做饭要有锅气，美味源自天成。在他看来，江南菜的高级之处就在于通过烹饪技艺，把常规食材变出好味道。从厨 60 余载，赵仁良出于一种对烹饪的情怀，一直坚持在一线工作。如今不管是上灶翻勺，还是像搓糯米小丸子这样的基础工作，他都会亲自上阵，在一招一式的言传身教中为厨艺后辈做表率。他笑着说：“厨师不做菜，你没价值的，必须亲力亲为。”

学有所思 · 学有所得

你认为赵仁良作为烹饪大师，为什么依然坚持在一线工作？你从中受到哪些启发？

人物小传

赵仁良（1948—　）

注册中国烹饪大师，国家级技能大师工作室领办人。荣获全国劳动模范、中华技能大奖、中华烹饪大师金爵奖、世界中餐名厨交流协会终身成就奖等荣誉和称号。

赵仁良 1964 年在上海和平饭店入行，1988 年受上海锦江集团委任担任北京昆仑饭店首席烹饪师。赵仁良精通粤菜，旁通上海菜、川菜、西餐、中西点心、日本菜的制作。他的刀功非常出色，尤以全鸡脱骨堪称一绝。他对中西烹饪技艺的融会贯通，已达到了挥洒自如的境界。自 20 世纪 80 年代起，赵仁良多次代表中国厨师参加国际烹饪技术比赛，屡屡斩获大奖。

指尖翻转纤毫毕现，精雕细琢见真功夫

街市的喧闹、行船的流水、把酒言欢的街市……在一根长 12.286 米、高 3.075 米、宽 2.401 米的千年香樟木上，北宋汴京的繁华街市栩栩如生。木雕版的《清明上河图》是工艺美术大师郑春辉用情最深、耗时最长的一件木雕作品。这件作品创造了最长木雕的吉尼斯世界纪录。

《清明上河图》可谓莆田木雕技法的集大成者。为了让巨木得到充分利用，郑春辉把原画的尺寸放大数倍。整件作品全部由手工雕琢而成，融汇了镂空雕、透雕、浮雕和莆田精微透雕等雕刻技法。巨木的每一面都刻有五六百个人物，每个人物至少需要雕刻一百多刀。神态各异的人物大约只有一寸高，但是刻画细致、栩栩如生。画面中的山川、城墙、街巷在郑春辉的精雕细琢下一一浮现，房舍街道鳞次栉比、出神入化。

学有所思 · 学有所得

在中央广播电视总台制作的《大国工匠 · 郑春辉：纤毫毕现　传续经典》的节目中，详细介绍了木雕作品《清明上河图》。

有兴趣的同学可以搜索观看视频，感受木雕作品的独特魅力。

木雕，是我国一门古老的传统手工技艺。郑春辉从 16 岁开始学习木雕工艺，至今已经 40 多年了。他从小喜爱绘画，也很有设计天赋，善于用家乡的手艺表现风物人情。家乡的木兰溪、溪边的大榕树、树下系着的归舟在他的作品里都有不同意境的呈现。郑春辉擅长从传统艺术中取材，把中国古典诗词、中国山水画融入木雕创作。“我想我们应该不断将中华优秀传统文化艺术发扬光大，这也是我们应该守护的精神家园。向辉煌灿烂的中华优秀传统文化艺术深入发掘，你会发现，其中有取之不尽的创作源泉和精神养分。”郑春辉说。

炉火纯青的木雕技艺，让郑春辉收获了中国工艺美术领域的多项大奖。然而，他并未止步于此。郑春辉以刀代笔，突破百鸟朝凤、富贵吉祥、宗教故事等早已烂熟于胸的传统木雕题

学有所思 · 学有所得

明朝诗文作家魏学洢在《核舟记》里，描绘了一件微雕工艺品——“核舟”的形象，其构思精巧，形象逼真，反映了中国古代雕刻艺术的卓越成就，表达了作者对匠人王叔远精湛技艺的赞美，以及对中国古代劳动人民勤劳与智慧的颂扬。

你从古今木雕匠人身上看到了哪些宝贵品质？

郑春辉在创作百米长卷——大型木雕《京杭大运河》(组图)

材，使用中国传统文人山水画虚实相间的构图方式，将古诗词的意境、平面山水绘画立体地呈现出来，独树一帜地开创了莆田木雕乃至中国木雕的新品类——山水木雕。从大型山水木雕作品《千里江山图》，到气势恢宏的《京杭大运河》，从线条、色彩，到造型布局，郑春辉巧妙利用木材原有的形态、颜色、材质、纹路特点，精心构思，数次易稿，让作品动静结合，巧夺天工。

将传统工艺与美学趣味加以研习并传承，已成为郑春辉日常工作中的一部分。正是因为热爱，才让他始终满怀热情地进行木雕创作，不断探索创新，不断超越自我。郑春辉说："手工艺术很辛苦，但年轻人只要坚持吃苦耐劳的精神，持之以恒地走自己的道路，就一定能够取得成就。"在郑春辉眼中，从艺者不仅要练就精湛的技艺，还要饱含家国情怀。"一个人的能力，只有用在对国家和人民有益的事情上，他的创造才是有价值的、光荣的。"他说。

学有所思 · 学有所得

你如何理解郑春辉所说的做手工艺术要坚持走自己的道路？

郑春辉凭着手中的一把刻刀，传承着先人的经典之作，也刻画着祖国的大好河山。他以木载道，在守正与创新的辩证统一中展示着木雕的技艺之美，留下了一件件传世之作。

人物小传

郑春辉（1968— ）

福建腾晖工艺有限公司正高级工艺美术师、艺术总监，中国工艺美术大师，国家级非物质文化遗产代表性项目木雕（莆田木雕）国家级代表性传承人，第五届全国中青年德艺双馨文艺工作者，福建省技能大师工作室领办人。荣获大国工匠年度人物、中国非遗年度人物、全国非物质文化遗产保护工作先进个人、全国技术能手等荣誉称号。

在长期实践中，郑春辉积累了丰富的创作经验和木雕技术。他设计创作的题材涵盖人物、花鸟、走兽、山水，尤其擅长山水田园类作品的创作，注重对木质肌理、色泽、形体的应用，山水作品意境幽远，充满诗情画意。他创作的木雕作品屡获国家级、省部级美展金奖。作品《家园》获中国工艺美术“百花奖”金奖、“盛世天工”中国木雕艺术展金奖，并被国家博物馆收藏。作品《清明上河图》采用镂空雕、透雕、浮雕和莆田精微透雕等雕刻技法创作，创造了最长木雕吉尼斯世界纪录。

非物质文化遗产作为国家和民族在历史长河中沉淀而成的重要文化载体，承载着独特的民族记忆，赓续着历史文脉。从事中华优秀传统文化传承保护的劳模工匠们，守匠心、砺匠艺、铸匠魂，以精湛的技艺、执着的坚守、极致的追求，让民族的文化瑰宝，在新时代绽放出更加迷人的光彩。他们敬业、精益、专注、创新，奋斗在文化强国建设的征程上。新时代呼唤工匠精神，并不仅仅是对传统工匠技艺的传承，更是擦亮爱岗敬业、精益求精的价值底色，为中国文化立根固本，为中国力量凝神铸魂！

知识加油站

非物质文化遗产的分类

非物质文化遗产是中华优秀传统文化的重要组成部分，是中华文明绵延传承的智慧结晶，是联结民族情感、维系国家统一的重要纽带。21 世纪初，我国将长期以来进行的民族、民间、民俗文化的保护工作整体纳入非物质文化遗产保护体系，开展了非物质文化遗产保护工作。2004 年 8 月，我国加入联合国教科文组织《保护非物质文化遗产公约》。2011 年 2 月，我国颁布了《中华人民共和国非物质文化遗产法》。从此，我国的非物质文化遗产保护步入依法保护阶段。

昆曲

中国剪纸

太极拳

经过多年努力，我国已建立起具有中国特色的国家、省、市、县四级非物质文化遗产代表性项目名录体系。截至2024年，经国务院批准公布，我国已有五批国家级项目名录，共计1557个国家级非物质文化遗产代表性项目，3610个子项。截至2024年底，我国共有44个项目列入联合国教科文组织非物质文化遗产名录（名册），总数居世界第一。非物质文化遗产的分类是非物质文化遗产保护实践工作的基础，目前主要有以下三种方式。

名称	《中华人民共和国非物质文化遗产法》	国家级非物质文化遗产代表性项目名录	联合国教科文组织《保护非物质文化遗产公约》
分类标准	非物质文化遗产是指各族人民世代相传并视为其文化遗产组成部分的各种传统文化表现形式，以及与传统文化表现形式相关的实物和场所	国家级非物质文化遗产代表性项目名录将非物质文化遗产分为十大门类	非物质文化遗产是指被各社区、群体或个人，视为其文化遗产组成部分的各种社会实践、观念表述、表现形式、知识、技能以及相关的工具、实物、手工艺品和文化场所
分类内容	1. 传统口头文学以及作为其载体的语言 2. 传统美术、书法、音乐、舞蹈、戏剧、曲艺和杂技 3. 传统技艺、医药和历法 4. 传统礼仪、节庆等民俗 5. 传统体育和游艺 6. 其他非物质文化遗产	1. 民间文学 2. 传统音乐 3. 传统舞蹈 4. 传统戏剧 5. 曲艺 6. 传统体育、游艺与杂技 7. 传统美术 8. 传统技艺 9. 传统医药 10. 民俗	1. 口头传统和表现形式，包括作为非物质文化遗产媒介的语言 2. 表演艺术 3. 社会实践、仪式、节庆活动 4. 有关自然界和宇宙的知识和实践 5. 传统手工艺

追光足迹

寻找非遗里的中国

2025年春节期间，电影《哪吒之魔童闹海》不断刷新票房纪录，引发观影热潮，影片里的非遗文化元素也受到广泛关注。片头一曲空灵的侗族大歌、融入三星堆青铜人像元素的结界兽、形似错金铜博山炉的七色宝莲等，形成了独具特色的文化输出模式，催生出文旅融合新场景。事实上，非物质文化遗产不仅是一种文化传承，也是一种生活方式，在人间烟火中滋养着我们的精神世界。

请以“寻找非遗里的中国”为主题举办一场课堂活动，寻找日常生活中的非遗元素，以“非遗+”的多元打开方式发现非遗之美、传承之美、生活之美，领悟蕴含其中的历史底蕴、中国智慧、东方美学。

一、活动目标

1. 通过探寻非遗传统技艺的基本信息，了解非物质文化遗产的丰富性和多样性。

2. 通过文化探寻活动，提升自主学习、团队协作和口头表达能力。

3. 培养对传统文化的兴趣和热爱，增强民族自豪感和文化自信。

二、活动内容

1. 分组任务：将学生分成4～5人一组，讨论并确定要介绍的非遗技艺，以小组汇报的形式向全班展示。

2. 展示要求：每组可以通过音频、视频、图像、文字等多种形式介绍非遗技艺。主要应包含以下内容：

（1）非遗技艺名称。

（2）该技艺的起源地和历史背景、技艺的核心特点。

（3）传承人或传承团队的故事。

（4）该技艺在当代社会中的现状和意义。

3. 可参考以下非遗纪录片：

（1）《非遗里的中国》。

（2）《传承》。

（3）《中华百工》。

（4）《非遗有新人》。

三、分享总结

每组分享结束后，其他小组可以进行互动提问或内容补充，教师进行点评和总结，共同探寻非遗技艺的独特价值和保护路径。

第二课　焕发时代生机

中华优秀传统文化只有融入现代生活，才能焕发生命活力，不断延展生长，让生活更加美好。劳模工匠们凭借精湛的技艺和深厚的文化底蕴，不仅完整保留了传统技艺的核心，成为非物质文化遗产的重要传承者，还聚焦非遗在新时代应用的无限可能，通过创新使其适应现代社会的需求。他们积极参与文化创新实践，推动非遗项目与现代文化产业的融合，把跨越时空、超越国度、富有永恒魅力、具有当代价值的文化内涵弘扬起来，走进现代人的日常生活。

与时间赛跑，为风化的历史拂去千年尘埃

学有所思 · 学有所得

中央广播电视总台制作的纪录片《敦煌》，以敦煌历史文化为脉络，深入探索其约 2 000 年的文化内涵，通过讲述探险者的发现、千年营造的艺术圣地、藏经洞之谜等故事，生动展现了敦煌的前世今生，是了解敦煌文化的入门佳作。

作为“时代楷模”团队的一员，李云鹤在发布仪式现场接受采访（图片来源：新华社）

位于甘肃省河西走廊西端的敦煌，是古代丝绸之路的交通要道，东西方文明在这里交融荟萃，孕育了举世闻名的莫高窟。从公元 4 世纪至 14 世纪，莫高窟历经千年的精雕细琢，形成了一座集建筑、彩塑、壁画于一体的文化艺术宝库，被联合国教科文组织列入世界文化遗产名录。但是，已经屹立约 2 000 年的敦煌石窟出现了结构失稳、水害侵蚀、风化破坏等不少问题，迅速攀升的游客人数也给莫高窟本体及其所在环境的保护带来严峻挑战。彩塑、壁画不可逆转地退化，直至消失。跨越千年，时间在这里仿佛是静止的；分秒必争，时间在这里仿佛是加速的。对古代彩塑与壁画保护修复专家李云鹤来说，他与团队的工作就是与时间赛跑。

如今，已至耄耋之年的李云鹤，仍然奔走在“抢救”国宝的路上。他经常穿着深蓝色的工作服，穿行在各个洞窟之间，每天工作要爬

五六趟，相当于走 1 200 多节楼梯。回忆起 1956 年初到敦煌莫高窟参加工作时，李云鹤仍然记得当时的震撼。进入洞窟，满壁风动、衣袂飘曳的精美壁画和雕像令人神往，同时，空鼓、发霉、变色的文物灾害令人揪心。李云鹤立志要做国宝的守护人，在敦煌扎下了根。从除尘、灌胶、滚压、回贴壁画，到整体分层揭取、搬迁复原壁画；从修复糟朽、断裂、倾倒塑像，发展到复原大型塑像……一幅幅起甲、酥碱、烟熏等“病害”缠身的壁画，一个个残破不全、东倒西歪的塑像，在他的精雕细琢下，奇迹般地起死回生，重新惊艳世界。

坚守文物修复一线 60 多年，李云鹤先后抢修洞窟百余座，修复壁画面积 4 000 余平方米，塑像 500 余尊，而且做到零失误。他尝试创新出注射法、铆固法、空间平移、整体揭取、挂壁画等多项国内首创的壁画修复技法。他主导实施国内首次石窟壁画塑像整体搬迁异地复原保护项目，是国内石窟整体异地搬迁复原第一人、金属骨架修复保护壁画第一人，也是原位整体揭取复原大面积壁画第一人。

“历史是脆弱的，因为她被写在了纸上，画在了墙上；历史又是坚强的，因为总有一批人愿意守护历史的真实，希望她永不磨灭。”写在敦煌研究院墙上的这句话，正是大国工匠、石窟壁画修复专家李云鹤的心声。在李云鹤眼里，文物保护就像绣花，细心和耐心必不可少。但更重要的是，需要了解文物的可贵之处，有感情才能做好。“要时时记住，这是祖先留给我们的宝贵遗产，一旦损坏就不能再生。要处处留

学有所思 · 学有所得

通过前面的学习我们知道，许多劳模工匠在专业学习和参加工作之后，都遇到过类似的“震撼时刻”，进而激发出刻苦钻研技能的渴望和动力。

你如何理解“震撼时刻”的作用？

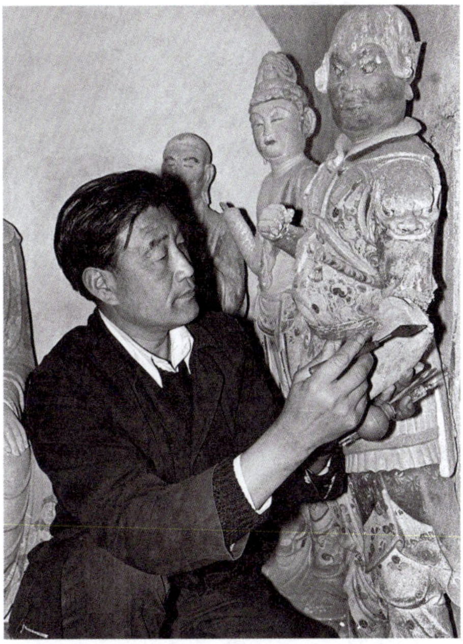

正在进行修复工作的李云鹤（图片来源：新华社）

学有所思 · 学有所得

莫高窟第 161 窟的壁画修复工作是一点一点“绣”出来的。李云鹤用了 700 多天，平均每天修复壁画不到 0.09 平方米。

结合你对文物修护的了解，你能列举出体现劳模工匠细心和耐心的其他事例吗？

心，慎重对待。”李云鹤说，“对文物工作要有感情，把文物保护工作当作终身事业，并用一生去保护她。”

人物小传

李云鹤（1932— ）

中国古代壁画与彩塑保护修复专家、文物保护工程责任工程师、研究馆员，曾任敦煌研究院保护研究所副所长。荣获大国工匠年度人物、全国离退休干部先进个人等荣誉称号。

李云鹤从事壁画修复工作60余年，是国内成功复原整体异地搬迁石窟的第一人，也是国内成功运用金属骨架修复保护壁画的第一人。他首创的“筛选壁画修复材料工艺”获全国科学大会成果奖，“莫高窟第161窟起甲壁画修复”“敦煌壁画颜料X光谱分析及木构建筑涂料”获原文化部科技成果一等奖，“敦煌莫高窟环境及壁画保护研究”获国家文物局文物科技进步奖三等奖。

一针一线练就“魔术技艺”，数智赋能绣出崭新国潮

学有所思 · 学有所得

苏绣、湘绣、蜀绣和粤绣合称为中国四大名绣，代表了中国传统刺绣艺术的最高水平。

通过互联网查找不同绣种的图片，你能看出它们的特点吗?

以针为笔，以线润色。制稿、临稿、选料、印版、配色、饰绷、刺绣、拆绷、装裱，一件湘绣作品的诞生要经历一系列复杂的工序。湘绣是中国四大名绣之一，诞生于富有楚汉刺绣文化积淀的湖南，至今已有2 000多年的历史，在国内外享有盛誉。作为国家级非物质文化遗产代表性项目湘绣省级代表性传承人，成新湘几十年如一日，在千万次穿针引线的时光里攀登技艺高峰，创作了一件件令人叹为观止的精美作品，书写着新时代非遗传承人的责任与担当。

湘绣移植了国画的优秀传统，以着色富于层次、绣品生动若画而著称，用不同颜色的绣线相互掺混、逐渐变化，通过丰富的色线和灵活多变的针法，使绣出的人物、动物、山水等具有特殊的艺术效果。同一个色系由浅入深最多可达15个色阶，相互之间的色差很小，全凭肉眼和经验辨色。湘绣专用的

针比普通缝衣针小，根据线的粗细分为不同型号；一股线要劈为 80～100 根像发丝一般粗细的小丝，每一根小丝再分 6～8 根。熟练掌握如此精细复杂的湘绣基础技法，需要付出多少汗水？成新湘介绍，仅劈线这一项技能，她当初就从早到晚反复练习，近两个月才基本掌握。从劈线基本功开始，到掺针、毛针、隐针、游针、盖针等各种复杂的针法，成新湘在多位湘绣名师的指点下，一步步熟悉、精通湘绣工艺流程，逐步形成了自己的风格。

在刺绣界，有“湘虎苏猫”的说法，绣虎是湘绣的看家本事。虎毛有腾跃之态，虎视有眈眈之光，形象逼真，栩栩如生，其秘诀就是湘绣的独门技艺——鬅毛针。“简单说，就是刺绣时使线聚散地撑开，一头粗而疏，另一头密而细，用于表现动物毛发，效果逼真。”成新湘说。鬅毛针易学难精，需要绣工自己领悟针路的布局和走势，用心思考，不断总结，反复练习。要让虎毛真正立起来，并体现出力量感，光靠勤学苦练是不够的。成新湘经常到动物园认真观察老虎的形态，研究前辈的作品，充分了解之后再开始试绣，绣不好就拆，拆了绣、绣了拆，反复数次，终于有了“毛从肉里面长出来”的质感。

学有所思 · 学有所得

你从成新湘学习鬅毛针的经历中得到什么启发？为什么只靠勤学苦练不足以掌握鬅毛针技法的精髓？

成新湘精研技法，熟练掌握了有“魔术技艺”美誉的湘绣最高技艺——双面全异绣。在一块透明底料的正反两面，绣出形象、构图、针法完全不同的两种物象，创造出截然不同的两种意境，才能称作“双面全异”。近年来，为了让传统艺术牵手现代生活，成新湘一直在寻找湘绣适应新时代的自我表达。她带领团队，充分利用现代科技力量，大力开发数字非遗、智能非遗，运用新材料、新题材、新语境，打造湘绣品牌，与家居、服饰、茶叶、瓷器等进行跨界合作，制作首饰、挂饰、收纳盒、冰箱

成新湘指导“90 后”湘绣传承人绣制大型作品

成新湘工作室复制的湘绣经典双面全异绣作品《花木兰》（组图）

贴、台灯等文创产品，将湘绣融入现代生活，让年轻人热爱湘绣、用上湘绣。“不能让湘绣只做陈列馆里的艺术品，要让它‘潮起来’。我坚信，人民的才是鲜活的，鲜活的非遗才是有未来的非遗！”成新湘说。

学有所思 · 学有所得

当前，国潮产品日益受到消费者的青睐，你有自己喜欢的国潮产品吗？

人物小传

成新湘（1973—　）

国家级非物质文化遗产代表性项目湘绣省级代表性传承人，湘绣狮虎绣针法“鬅毛针”的第四代传人，湖南省湘绣研究所有限公司总经理，湖南省技能大师工作室领办人。荣获全国劳动模范、中国工艺美术大师、轻工大国工匠、全国非物质文化遗产保护工作先进个人、全国巾帼建功标兵等荣誉称号。

成新湘师从亚太地区手工艺大师、中国工艺美术大师刘爱云。成新湘精通鬅毛针、双面全异绣等核心技艺。她带领团队将湘绣与现代生活紧密结合，大力开发非遗文创、数字非遗，积极探索文化与科技、非遗与研学等相结合的多元化发展路径，不断拓展湘绣针法表现力，研发出温感刺绣、3D视效动物、数字湘绣等创新产品，使更多的年轻人关注和喜爱湘绣。她的作品多次获得国内外大奖，其中《锐不可当》获得2024“百鹤杯”工艺美术设计创新大赛“百鹤奖”。

传承创新传统技艺，让景泰蓝向世界讲好中国故事

在国潮风盛行的当下，让传统技艺走向大众视野，从而获得年轻一代的关注和喜爱，让非遗见人、见物、见生活，是很多非遗传承人想完成的课题。国家级非遗景泰蓝制作技艺代表性传承人钟连盛，把传承景泰蓝制作技艺当作一生的追求，坚守“择一事、终一生”的职业理想。他创作设计的景泰蓝如玉器般温润、如锦缎般华丽，富有鲜明的现代感和时代气息，多次被选为国礼走出国门。他把传承古老的技艺当成毕生的责任，执着钻研、一丝不苟、锐意创新、与时俱进，让非物质文化遗产的传承从“看不见”变成“见得着”。

“勾画浓淡皆相宜，春雨润物细如丝。”这是用来形容景泰蓝的佳句。景泰蓝又称铜胎掐丝珐琅，因其制作技艺成熟兴盛于明代景泰年间，且器物主要颜色为蓝色、纹样繁复艳丽，而在民间得名“景泰蓝”。在明清时期，景泰蓝一直深受皇家喜爱。经过几百年的发展，景泰蓝渐渐走进人们的生活并已成为珍贵的文化遗产，景泰蓝制作技艺于2006年入选首批国家级非物质文化遗产代表性项目名录。

1978年，钟连盛出于对美术的热爱，考入北京市珐琅厂开办的技校。在学习中，他被景泰蓝精湛的制作技艺深深吸引。钟连盛的恩师是被誉为“新中国知识分子从事景泰蓝专业设计第一人”的中国工艺美术大师钱美华。在钱大师的带领下，钟连盛对景泰蓝从初识到痴迷，在设计制作景泰蓝的道路上越走越远、越走越坚定。

为了使铜丝掐成的图案造型更加准确流畅，钟连盛日复一日地练习掐丝技艺，常常把手指挤压到淤血；为了使画面更加和谐灵动，钟连盛一有时间就到各大博物馆、公园绘画写生；为了让自己的设计理念与时俱进，他进入高校深造，不断提升自己。即使在景泰蓝遭遇市场低迷、许多人纷纷转行的困境时，钟连盛也始终

学有所思 · 学有所得

近年来，有越来越多的非物质文化遗产为人们所喜爱，你认为为什么会出现这种现象？

钟连盛手捧心爱的作品《生肖鼓罐》

钟连盛在为作品《盛世欢歌》点蓝

没有放弃自己选择的道路。他不仅在困难中坚持，更在困难中创造，用先进的设计理念、卓越的技艺和创新的勇气，为赓续景泰蓝事业开创出一片新天地。

2014 年，钟连盛参与设计和指导监制了北京亚太经合组织会议举办地雁栖湖国际会都室内景泰蓝装饰斗拱；2016 年，他参与设计制作的景泰蓝《盛世欢歌》大赏瓶，成为中国政府赠送给联合国日内瓦总部的国礼；领衔制作的景泰蓝《四面方尊》大赏瓶，成为中国政府赠送给世界经济论坛的国礼。他是唯一一位连续 3 次与国家元首、夫人同台点蓝的国宝级大师。在北京奥运会和北京冬奥会期间，钟连盛向国际友人现场展示景泰蓝制作技艺，用中国的传统技艺和文化底蕴，讲好中国故事。

为了让景泰蓝能够紧跟时代、贴近生活，钟连盛一直致力于景泰蓝的时代化、大众化、年轻化。他参与创办了国内首家景泰蓝艺术博物馆——中国景泰蓝艺术博物馆。馆内不仅收藏了各历史时期的景泰蓝经典艺术作品，还有参观生产线、参与手工制作等互动活动，让曾经遥不可及的非遗艺术可看、可感、可学。“这些年，我们的工作取得了显著成效，前来参观研学的人越来越多，景

学有所思 · 学有所得

你在生活中参加过非遗体验项目吗？亲手制作手工作品时，你有什么感想？

泰蓝工艺品和文创产品备受欢迎，也有一些专业院校的毕业生前来求职。”钟连盛表示，“创新是景泰蓝传承的不变主题。通过创新，不仅可以推动传统技艺在当代的发展和应用，也能为年轻人的传承工作留下参考。”

人物小传

钟连盛（1962—　）

北京市珐琅厂有限责任公司总工艺美术师、亚太地区手工艺大师、中国工艺美术大师，特级技师、正高级工艺美术师，国家级非物质文化遗产代表性项目景泰蓝制作技艺国家级代表性传承人，国家级技能大师工作室领办人。荣获全国劳动模范、全国五一劳动奖章、北京老字号工匠等荣誉和称号。

钟连盛治艺严谨、技艺全面，作品清新细腻精致、风格秀美典雅独特。他主张在继承传统的基础上不断探索、创新，在开发创作中始终倡导简约、抽象、现代的设计理念，作品多次荣获国家级金奖。除了设计、创作具有时代精神、符合现代审美的作品，他还参与了多个景泰蓝装饰工程，推动这项技艺更好地融入当代人民群众生活。

今天的中国，是梦想不断实现的中国，是充满生机活力的中国，是赓续民族精神的中国。在中华优秀传统文化传承与发展领域，涌现出许许多多的劳模工匠。他们聚焦非遗在新时代应用的无限可能，以“非遗 +”的多元打开方式，不仅传承了传统技艺，更激活了文化基因。他们用非遗展现的新时代中国面貌，他们用非遗讲述的中国故事，是一份献给历史、献给明天、献给世界的匠心礼物。

知识加油站

中国入选联合国教科文组织非物质文化遗产名录（名册）项目

2004 年，我国加入联合国教科文组织《保护非物质文化遗产公约》。目前，我国共有 44 个项目列入联合国教科文组织非物质文化遗产名录（名册），总数居世界第一。其中，列入代表作名录 39 项，列入急需保护名录项目 4 项，入选优秀保护实践名册 1 项。建立非物质文化遗产代表性项目名录，对保护对象予以确认，可以集中有限资源，对体现优秀传统文化，具有历史、文学、艺术、科学价值的非物质文化遗产项目进行重点保护，是非物质文化遗产保护的重要基础性工作之一。

2008 年

昆曲、古琴艺术、新疆维吾尔木卡姆艺术、蒙古族长调民歌

2009 年

中国篆刻、中国雕版印刷技艺、中国书法、中国剪纸、中国传统木结构建筑营造技艺、南京云锦织造技艺、端午节、中国朝鲜族农乐舞、妈祖信俗、蒙古族呼麦歌唱艺术、南音、热贡艺术、中国蚕桑丝织技艺、龙泉青瓷传统烧制技艺、宣纸传统制作技艺、西安鼓乐、粤剧、花儿、玛纳斯、格萨（斯）尔、侗族大歌、藏戏、羌年、黎族传统纺染织绣技艺、中国木拱桥传统营造技艺

2010 年

中医针灸、京剧、麦西热甫、中国水密隔舱福船制造技艺、中国活字印刷术

2011 年

中国皮影戏、赫哲族伊玛堪

2012 年

福建木偶戏后继人才培养计划

2013 年

中国珠算

2016 年

二十四节气

年份	项目
2018 年	藏医药浴法
2020 年	太极拳、送王船
2022 年	中国传统制茶技艺及其相关习俗
2024 年	春节

追光足迹

劳模工匠坊——探索指尖上的非遗文化密码

通过本单元的学习，我们知道了宣纸制作、木雕、湘绣等非物质文化遗产，见识了非遗传承人的高超技艺，了解了劳模工匠在中华优秀传统文化保护和传承方面发挥的重要作用。非物质文化遗产是一个充满丰富性和多样性的宝库，里面有许许多多的内容等待我们去挖掘和探索。其实，非物质文化遗产保护并不是遥不可及或者高不可攀的项目，我们每一个普通人都可以是参与者、传承者。

请以“探索指尖上的非遗文化密码”为主题，举办一期课堂上的劳模工匠坊，亲手制作非遗作品，了解非遗技艺的基本流程和文化内涵。

一、课前准备

学生 4～5 人一组，每组选择一种非遗制作材料包，进行手工作品创作。例如，珐琅制作、扎染等，或根据本地非遗文化自选项目。

珐琅

扎染

二、知识热身

各小组推选1～2名学生，简要介绍本组选定的非遗手工项目，讲解制作的过程和操作技巧，提示在操作过程中需要注意的安全事项。例如，扎染是采用折叠、捆扎、缝缀等方式进行扎花，然后将缝扎好的布料放入染料中反复浸染，从而形成独特的图案。

三、技能实践

每组根据材料包的说明和同学的示范，分工制作自己的非遗作品。在制作过程中，学生可以发挥创意，尝试不同的造型设计、色彩搭配等。

四、文化集市

各小组完成作品后，以文化集市的形式向全班展示本组的作品。用自制非遗作品交换他组作品，并需用3个关键词推介本组的作品。最受欢迎的作品和小组可以获得相应奖励。

第五单元
技能报国的典范

一技之长，能动天下。正是有了千千万万劳模工匠坚守职业理想、满怀报国之情，才铸就了强国之基，扬起了高质量发展之帆。从劳模工匠立长志、学技能、善钻研、讲奉献、常修身的经历之中，我们看到了技能梦想照进真实世界的夺目光彩。当前，劳动光荣、技能宝贵、创造伟大成为时代风尚，高技能人才迎来了最好的时代。广大技工院校的青年学子当以劳模工匠为榜样，心中有梦、眼中有光，脚下有路、志在四方，勇攀技能高峰，走好新时代技能成才、技能报国之路。

大力弘扬劳模精神、劳动精神、工匠精神，激励更多劳动者特别是青年一代走技能成才、技能报国之路，培养更多高技能人才和大国工匠，为全面建设社会主义现代化国家提供有力人才保障。

——2020 年 12 月 10 日，习近平致首届全国技能大赛的贺信

学有所思·学有所得

中华人民共和国职业技能大赛是经国务院批准、人力资源社会保障部主办的综合性国家职业技能赛事。从 2020 年起，我国每两年举办一届中华人民共和国职业技能大赛。竞赛项目分世赛选拔项目和国赛精选项目，成绩优异的选手有机会入选世界技能大赛中国集训队。2025 年 9 月，中华人民共和国第三届职业技能大赛于河南省郑州市举办。

技行天下，能创未来。2020 年 12 月 10 日至 13 日，中华人民共和国第一届职业技能大赛（简称首届全国技能大赛）在广东省广州市成功举行。这是新中国成立以来规格最高、规模最大、项目最多、水平最高的综合性国家职业技能赛事，也是参赛选手展示专业技能的国家级舞台。大赛广泛覆盖国民经济行业大类，既有电工、焊接、装配钳工、砌筑等传统产业项目，又有机电一体化、数控加工、工业控制、飞机维修等先进制造业项目；既有美容、美发、烘焙、餐厅服务等现代服务业项目，又有机器人系统集成、移动机器人、增材制造等新兴产业项目。2 500 多名技能高手在 86 个比赛项目中面对面过招，切磋技艺，一决高下。经过 3 天激烈角逐，一批技能高手脱颖而出，摘得奖项，迎来了青春岁月的高光时刻。

习近平总书记特意向首届全国技能大赛发来贺信，向大赛的举办表示热烈的祝贺，向各位参赛选手和广大技能人才致以诚挚的问候。他在贺信中指出，技术工人队伍是支撑中国制造、中国创造的重要力量。职业技能竞赛为广大技能人才提供了展示精湛技能、相互切磋技艺的平台，对壮大技术工人

队伍、推动经济社会发展具有积极作用。希望广大参赛选手奋勇拼搏、争创佳绩，展现新时代技能人才的风采。

一直以来，习近平总书记高度重视高技能人才培养，强调“当代工人不仅要有力量，还要有智慧、有技术，能发明、会创新，以实际行动奏响时代主旋律”，要求“加快构建现代职业教育体系，培养更多高素质技术技能人才、能工巧匠、大国工匠”，鼓励他们发挥示范引领作用，带头营造劳动光荣、技能宝贵、创造伟大的时代风尚，凝聚亿万劳动群众团结奋进的强大力量。

新时代以来，党和国家站在建设国家战略人才力量的高度，出台了加强新时代高技能人才队伍建设、改善技术工人待遇、完善职业技能培训制度等一系列顶层设计和政策举措。党的二十大报告提出“深入实施人才强国战略”，并将大国工匠、高技能人才纳入国家战略人才力量。劳模工匠成长成才的政策环境不断优化，技能人才的待遇不断提高，职业发展空间得到拓展，社会认可度大幅提升。目前，我国有超过 2 亿技能人才活跃在各行各业，其中有不少是青年技术工人。在今天的中国，一个人的技能有多高，人生的舞台就有多大。

学有所思 · 学有所得

有人说，没有技工的参与，再好的图纸也无法变成工件，再好的技术也无法形成产业。

作为一名技工院校的青年学子，你对自己的技能成才、技能报国之路有何期待？

素质是立身之基，技能是立业之本。我国已建成世界规模最大的职业教育体系，源源不断地为经济社会发展培养技术技能人才。技工教育是中国职业技术教育体系中的重要组成部分，始终坚持教育与生产劳动的密切结合，在技能育人方面取得了显著成效。新时代呼唤更多高技能人才，广大的青年学子以劳模工匠为人生目标，以热爱驱动梦想，以技能点亮人生，就一定能在创造社会价值的过程中实现自身价值，创造更加美好的未来！

第一课　干一行　爱一行

心心在一艺，其艺必工；心心在一职，其职必举。当一个人一心一意专注于学习某一种技能，他的技艺就会越发精湛；当一个人一心一意专注于某一种职业，他就会在该领域有所建树。每一位劳模工匠掌握高超技艺、作出突出贡献的成才之路，其实都是一条饱含着对工作的热爱与执着、对品质的追求与坚守、对技艺的创新与进取的自我实现之路。

焊定人生目标，勤学苦练登上世界技能舞台

21岁成为我国第一个走出国门参加世界技能大赛并获奖的青年焊工；23岁受到习近平总书记的亲切接见，荣获全国五一劳动奖章和中国青年五四奖章，也是当年最年轻的全国五一劳动奖章获得者；25岁成为全国劳动模范……相比于大多数同龄人，1990年出生的裴先峰，其职业成长是“加速”进行的。

“我就是一个普通的工人，真的没有想到能够获得这么多荣誉。”裴先峰说，“我知道只有练就国家建设需要的过硬本领，才能实现自己的青春梦想。”

裴先峰的青春梦想开始得有些令他措手不及。2006年，裴先峰的哥哥考上了理想的大学，他也如愿考上了心仪的高中。但考虑到家庭经济困难，16岁的裴先峰决定去技校学一门技术。“就想着能早毕业早工作，分担家里的负担。”裴先峰说。他刚开始对焊接专业并不了解，但他自己也没想到，接触之后，他对焊接越来越感兴趣。

学有所思·学有所得

职业兴趣对于一个人的职业选择、职业发展和工作满意度有着重要影响。在通常情况下，人们的职业兴趣并不是一开始就确定的，而是在不断探索、实践和调整的过程中，慢慢确立的。

想一想，自己是否已经有了比较明确的职业兴趣？

焊工被形象地称为“钢铁裁缝”，是发展制造业的基础性技能工种。近年来，钢结构、装备制造等生产领域对焊工的用工需求持续增长，人力资源社会保障部发布的“最缺工”职业中，焊工屡次进入前十。在技校学习的3年中，裴先峰

留给老师们的印象是特别爱学习、爱钻研。由于比别人努力，裴先峰的技能很快在班上遥遥领先，并最早通过了焊工中级资格考核。2009 年，他在第九届全国工程建设系统焊工技能竞赛决赛中获得院校组第六名。凭借优异的成绩，裴先峰顺利进入中国石油工程建设有限公司第一建设公司，完成了从技校学生到技术工人的转型。

走上工作岗位后，对技术的考验才真正开始。裴先峰一度跟不上工作进度，总是比别人慢一拍，焊缝成形也不够美观。不服输、不怕难的裴先峰勤学苦练，立志“做工人就当最优秀的工人”，克服一个又一个困难。焊接对手的稳定性要求非常高，也非常考验忍耐力和躯体承受力。面对高达几百、上千摄氏度的焊接熔池，工作服里的汗水常常从头流到脚。裴先峰冬练三九、夏练三伏，双手磨出血疱，咬牙坚持；飞溅的焊花烫穿工服，浑然不觉。在日复一日的反复练习中，裴先峰熟练掌握了氩弧焊打底等焊接工艺，综合素质突飞猛进。2011 年，裴先峰登上了他人生中最重要的一次比赛舞台——第 41 届世界技能大赛，并获得银牌，使中国首次组团参赛即实现了奖牌零的突破。回首自己的技能成才之路，裴先峰觉得自己很幸运，遇到了自己热爱的事业，遇到了支持自己的师傅、同事、家人。在他看来，尽职尽责完成自己的工作，就是对荣誉最好的回报，就是他所理解的工匠精神。

随着焊接工艺和设备的不断更新，裴先峰也要求自己常学常新。如今，他仍坚守在焊接工作的第一线。裴先峰还跟随海外项目队将中国工艺带向世界舞台，在约旦等国的项目工程中执行任务。每次焊接完成，他都要细心检查，确保成品无一返工。对于像自己一样走上技能学习之路的年轻人，裴先峰满怀期望：“把技术技能牢牢掌握在自己手里才是王道，工匠之路必须有源

学有所思 · 学有所得

在人力资源社会保障部公布的《2022 年第四季度全国招聘大于求职“最缺工”的 100 个职业排行》中，焊工名列第 12 位。位于前 5 名的“最缺工”职业依次是：营销员、汽车生产线操作工、快递员、餐厅服务员、商品营业员。

你认为这些职业为什么会成为“最缺工”职业？

学有所思 · 学有所得

在技校成绩优异的裴先峰，走上专业对口的工作岗位初期却遇到了不适应的情况。

你认为出现这种情况的原因可能有哪些？作为一名技能学习者，可以提前做哪些准备来应对这种不适应？

裴先峰在第 41 届世界技能大赛赛场上

裴先峰在约旦援建项目现场测量焊接件安装位置

源不断的年轻人涌入才能更宽广，这也是我为什么还坚守在焊工职业岗位上的原因。希望现在的年轻焊工们都能朝着大国工匠迈进，在时代发展大潮中成长。”

人物小传

裴先峰（1990—　）

中国石油工程建设有限公司第一建设公司电焊工、中石油集团公司电焊技能专家。荣获全国劳动模范、全国五一劳动奖章、中国青年五四奖章等荣誉和称号。

裴先峰在工作中勇挑重担、刻苦钻研，在国家重点工程甘肃庆阳石化建设中，率先攻克了炼化装置四合一反应炉炉管焊接管难题。他通过长期自我加压训练和多次参与国家重点工程建设，练就了精湛技艺。他在多项全国焊工技能比赛中获得佳绩，在代表中国代表团首次参加的第 41 届世界技能大赛中夺得银牌。

方寸之间运转天车，把匠心刻进千吨巨物

5.1 厘米的吊装误差，2 100 吨的起吊重量，77 分钟的操作时间……这是“90 后”天车工田得梅交出的出色答卷——她一次性顺利完成了白鹤滩水电站全球首台百万千瓦水电机组转子吊装。2021 年 6 月 28 日，白鹤滩水电站首批机组顺利投产发电。白鹤滩水电站是实施“西电东送”的国家重大工程，日发电量可满足一座 50 万人口城市一年的生活用电。

站在白鹤滩水电站的大坝向远方眺望，一江清水，两岸青山。而田得梅每天的工作场景是走过 14 米高的楼梯，穿过安全通道，进入面积不足 2 平方米的天车作业室，完成大大小小的吊装任务。天车是一种在高架轨道上运行的桥架型起重机。田得梅清晰地记得第一次上天车时，都不敢往下看，生怕一不留神就掉下去。但这没有吓倒田得梅，反而成为她前进的一股动力。“那时我就暗下决心，总有一天要做到最好，甚至比男生做得还要好。”田得梅说。从此以后，她便带着这股永不服输的坚韧，开始了她和天车的不解之缘。

在狭小的工作室里，田得梅力求每一次吊装都达到最佳效果，不断追求操作的精准、平稳、高效。为了精准地吊装起千吨重物，田得梅选择易碎的鸡蛋，进行反复训练。通过成百上千次的重复练习和对天车知识的刻苦钻研，田得梅将每一个操控技巧刻进了肌肉记忆。在日积月累中，她练就了精湛的吊装技术，总结

学有所思 · 学有所得

职业不分高低贵贱，不同的职业工作内容差异大，工作环境各不相同。无论是在田野户外，还是在厂房车间，无论是在办公楼宇，还是在高空深海，每一位劳动者都在自己的岗位上创造价值。如果遇到比较艰苦的工作环境，同学们要积极做好心理准备，学习时间管理、压力调节等技巧，合理安排工作和休息，保持良好状态。

你知道所学专业对应的岗位有哪些吗？这些岗位的工作环境是怎样的？

学有所思 · 学有所得

为了追求更高的技艺境界，田得梅通过在闲暇时刺绣磨炼静心专注的能力。当人们在做自己喜欢的事情时，会更容易集中注意力，这种能力往往能够迁移到工作中，促进职业发展。

想一想，你的兴趣爱好让你拥有了哪些特质？对技能学习有哪些帮助？

田得梅参与建设的白鹤滩水电站

出眼看、耳听、鼻闻、脑想、手脚动的操作技巧。在精进手上功夫的同时，田得梅还通过学习刺绣，加强对耐心、专心的磨炼。

“面对工作压力有热情、有干劲、能吃苦，韧劲十足的品质不比那些男同志差。”这是师傅对田得梅的评价，他见证了田得梅的技能成长之路。从拉西瓦、向家坝、万家寨到葛洲坝、白鹤滩，在数十座大中型水电站的建设工作中，都有田得梅执着专注、精益求精的身影。作为一名天车工，她辗转奋战水电工程建设一线 18 年，从几吨的零部件到两千吨的转子，她都实现了零失误操作。

如今，田得梅已经有近 10 年的带徒经验，早已从曾经的徒弟变成了别人的师傅。她继承和发扬水电人传帮带的优良传统，积极培养新学徒，将自己的技术和经验毫无保留地传授给他们。她要求徒弟们学习新知识，发现新问题，及时进行总结，不断完善技能。她还多次走进院校，和年轻学子分享自己的成长经历，号召同学们精于工、匠于心、品于行。

“专于一业，精于一事。”田得梅说，“虽然常年工作在远离人烟的高山峡谷中，但我亲身见证了我国水电事业从跟跑到并跑再到领跑的快速发展，觉得很幸福。”

人物小传

田得梅（1990—　）

中国水利水电第四工程局有限公司白鹤滩水电站天车班班长、中国水电四局首席技工。荣获大国工匠年度人物、全国五一巾帼标兵岗、青海青年五四奖章等荣誉和称号。

田得梅是国内为数不多，可以完成巨型精密装置吊装的天车司机。自参加工作以来，田得梅一直奋战在水电工程建设第一线，先后参与拉西瓦、龙江、向家坝、万家寨、葛洲坝等水电站建设及机组检修工作和白鹤滩水电站机电安装项目。

初心护航职业梦想，全情铣出件件精品

秦世俊第一次独立加工零件，正在对照图纸尺寸认真测量

薄、软、脆的材料是世界公认的机械加工难题，稍有偏差材料便会被穿透，甚至破裂。来自中国航空工业哈尔滨飞机工业集团有限责任公司（以下简称哈飞）的数控铣工高级技师、集团首席技能专家秦世俊，却能在厚度只有0.01毫米的铝箔纸上，用普通的数控铣床加工出文字。怀揣一颗航空报国的初心，秦世俊以精益求精的精神从一名普通的产业工人，成长为航空领域的首席技能专家，C919国产大飞机、亚丁湾护航的战鹰，乃至“神舟七号”上，都有他亲手加工过的零件。

秦世俊的父亲是一名哈飞职工，在父亲的影响下，“造飞机”成为秦世俊儿时的梦想。1998年，秦世俊报考了哈尔滨飞机技工学校模具钳工专业，为成为一名优秀的航空人做起了准备。2001年9月，从学校毕业的秦世俊如愿以偿进入哈飞工作。不过，模具钳工专业的秦世俊，却被安排到了数控铣工岗位。由于专业不对口，秦世俊一开始每天只能干些搬搬抬抬、收拾打扫的杂活，他感觉自己没有用武之地。父亲看出了他的迷茫：“不要怕改专业，眼前的困难不重要，重要的是你对待工作的态度，不会就要学。数控技术是新领域，是未来的发展趋势，是新时期产业工人必须掌握的本事。”父亲的话点醒了他。

学有所思 · 学有所得

你想过未来从事一份与所学专业并不匹配的工作吗？当职业兴趣方向与工作岗位内容相去甚远时，你将如何处理？

重燃斗志的秦世俊，开始勤学苦研数控技术，将机床当作了实现自己梦想的舞台、检验自己实力的战场。他从普通铣床练起，熟练后，转战数控铣床。他总是在结束一天的工作后继续留在单位，向夜班师傅学习。在日复一日的学习中，秦世俊慢慢地喜欢上了数控加工技术。“知难不言退，受挫不服输”的精神也让秦世俊慢慢地崭露头角。入职不到 1 年，他就凭借高超技艺破格晋升为高级工，仅用 4 年就成为哈飞最年轻的数控铣工高级技师。

学有所思 · 学有所得

除了全情投入，你认为决定精品的关键因素还有哪些？

学有所思 · 学有所得

秦世俊认为，如果在工作中尽心尽职，对产品精益求精，那么加工的产品就不是冰冷的产品，而是一个倾注心血的作品，甚至可能就是一个高精尖装备的雏形。

你如何理解他所说的产品和作品的区别？

“精品与废品的距离只有 0.01 毫米，成功与失败的差别仅在于能否全情投入。”秦世俊把这句话作为座右铭，激励自己每天刻苦钻研技术。当不少同龄人下班去休闲娱乐时，秦世俊把自己关在屋子里钻研数控技术。有一次，单位需要加工直升机的关键件扭轴，由于精度要求高、加工难度大、时间节点紧，没人敢接招儿。秦世俊迎难而上，为解决零件的装夹问题，他研制出一套可分解的抱胎夹紧工装。为了不耽误正常生产，他把试加工安排在夜里 12 点以后，经常一干就是一个通宵。在一次次加工、一次次失败后，终于达到了加工精度，并将生产效率提高了 4 倍。

20 多年来，秦世俊把机床当作最亲密的伙

秦世俊为新研制的零件配备适合加工的刀具

伴、一起并肩前进的战友。“虽然我们面对的机器和产品没有生命，而且是冰冷的。但如果我们对它全身心地投入，它回馈给我们的是很真诚的。”秦世俊说。

“我的根在车间里，在机床旁，这一点，永远都不能变。”秦世俊说，“我今生最大的梦想就是用一名中国产业工人的担当，来助力实现中华民族的产业强国梦。”

人物小传

秦世俊（1982— ）

中国航空工业哈尔滨飞机工业集团有限责任公司数控铣工、集团首席技能专家，高级技师，国家级技能大师工作室领办人。荣获全国劳动模范、中华技能大奖、大国工匠年度人物、中国青年五四奖章等荣誉和称号。

秦世俊从事直升机升力系统、起落架系统关键件及重要件加工生产，累计自制工装、夹具600多套，实现技术创新和产品改革1 000余项，其中创新成果218项，申请国家专利31项，已发授权号13项。他亲手加工过的零件被应用于我国亚丁湾护航、国庆阅兵、科考护航等重要项目。

技能是实现人生梦想的重要途径，是书写精彩人生的奋斗之笔。职业和技艺不仅是一个人在社会上谋生的手段，更是实现人生价值的参考坐标。当“干一行、爱一行”成为一种职业自觉，技能人才就能够日日精进，持续提升职业境界，即使是在最平凡的岗位上，也能够绽放出耀眼的时代光芒。

知识加油站

新职业在哪里？

随着社会发展与时代进步，人类在长期的生产活动中产生了劳动分工。职业是劳动分工的产物，也成为劳动者在社会活动中获取生活来源、实现自身价值的依托。对职业进行分类管理，是社会化管理的重要内容。

1999年，我国颁布第一部《中华人民共和国职业分类大典》。为与时俱进，全面、准确、科学、客观地反映社会职业的发展变化，我国陆续在2015年和2022年修订该大典。《中华人民共和国职业分类大典（2022年版）》将职业分为8个大类，共计

1 639 个职业。其中，新增 168 个职业，取消 10 个职业，净增 158 个职业。

2019 年，人力资源社会保障部建立完善新职业信息发布制度，实施职业分类动态调整，此后每年发布 1～2 批新职业信息。“新职业”是指国家职业分类大典尚未收录，但在社会经济发展过程中已有一定规模从业人员，且具有相对独立成熟的专业和技能要求的职业。而从广义来讲，一切伴随着新技术、新业态出现而诞生的新型职业均可被视为新职业。2019—2024 年，人力资源社会保障部会同国家市场监督管理总局、国家统计局共分 6 批发布 93 个新职业。新职业涵盖数字技术领域、智能制造领域、绿色发展领域、生活服务领域等许多新兴领域的工作。

新职业“上新”

2024 年 7 月，人力资源社会保障部会同国家市场监督管理总局、国家统计局向社会正式发布了生物工程技术人员等 19 个新职业。

生物工程技术人员	口腔卫生技师	网络安全等级保护测评师	云网智能运维员
生成式人工智能系统应用员	工业互联网运维员	智能网联汽车测试员	有色金属现货交易员
用户增长运营师	会展搭建师	文创产品策划运营师	储能电站运维管理员
电能质量管理员	版权经纪人	网络主播	滑雪巡救员
氢基直接还原炼铁工	智能制造系统运维员	智能网联汽车装调运维员	

新职业不断涌现是经济社会发展活力的体现。新职业也是就业的蓄水池，给了年轻人更多的就业选择。尽管新职业往往是时下最新颖、最时髦、最受关注的一些职业，但要理性、客观看待新职业，避免盲目跟风。从职业长期发展来看，任何职业都有其相对固定的从业人群，进行职业规划时还是要依据技术技能水平进行职业匹配。

追光足迹

发现你的职业性格——匹配兴趣与未来职业

职业兴趣是一个人对某种职业活动持续稳定的心理倾向，表现为对特定职业的向往、主动探索欲望，以及在该领域的持久投入意愿。不同于普通的兴趣爱好，职业兴趣是与职业选择、工作适应直接相关的深层偏好。从事与职业兴趣相匹配的工作，将增加个人的工作满意度、职业稳定性和职业成就感。

根据不同的分类标准，有许多种职业兴趣分类方法。一种常见的职业兴趣分类方法将职业兴趣分为六种类型，即研究型、艺术型、社会型、常规型、现实型、企业型，每个人的性格都是这六个维度的不同程度组合。通过职业性格测试工具，大家可以了解自身性格与兴趣特点。将测试得出的职业类型与自己原本感兴趣的职业相结合，作出初步职业方向参考。

请以小组为单位，选取感兴趣的职业性格测试工具，筛选与自身类型匹配的职业，并进行小组讨论，填写下列表格。

职业兴趣初探

<table>
<tr><th>职业性格测试工具的名称</th><th>职业性格特质</th><th>匹配职业类型</th><th>个人理想职业</th><th>初步职业方向</th></tr>
<tr><td></td><td></td><td></td><td></td><td></td></tr>
<tr><td rowspan="3">小组讨论</td><td colspan="4">1. 我的测试结果中哪部分最符合实际？哪部分让我意外？</td></tr>
<tr><td colspan="4">2. 在其他小组成员眼中，我有哪些性格特质？</td></tr>
<tr><td colspan="4">3. 如果我选择某个职业，可能面临哪些挑战？</td></tr>
</table>

第二课　钻一行　专一行

三百六十行，行行出状元。每份职业都很光荣。无论身处哪个行业，从事什么工作，任何一名劳动者，只要坚持钻一行、专一行，学习新知识，掌握新技能，练就真本领，做到敬业勤业精业，就能成为岗位能手、行家里手，拥有闪光的人生。

“对技术的极致追求，永不过时！”

冯鸿昌在对港口设备进行检查维修

23 岁成为厦门市第七届职工技术比赛港务类的技术状元，35 岁成为福建省最年轻的中华技能大奖获得者。闯过一道道技术难关，冯鸿昌从一名临时的学徒工锻炼成长为技能大师。

“学习，坚持不懈地学习，才是立身之本。”冯鸿昌这样诠释他的成长。

1997 年，冯鸿昌从厦门市机械技工学校（现厦门技师学院）来到厦门海天码头实习。那是他第一次看到万吨巨轮，也是第一次看到高耸的港口机械和密密麻麻的集装箱。冯鸿昌在被眼前景象震撼的同时，也感到了“本领恐慌”。师傅周梁成对他说：“想干好这一行，只有多学习、多钻研。”从此，冯鸿昌把“学习”“钻研”四个字深深地刻在了心里。

白天上班，冯鸿昌抓住一切机会跟着师傅学习；晚上下班，他自己抱着书本刻苦钻研；周末闲暇时间，他还报名参加了专业学习班。每次完成维修任务，他都会将故障判断、维修要领、处理方法等记在本子上，反复琢磨。有一次，公司从国外引进了新设备，厚厚的英文版设备技术资料对冯鸿昌来说，简直就是天书，但他咬牙用半

学有所思 · 学有所得

冯鸿昌说，相较于大学毕业的工友来说，他很多基础都比较薄弱，但他自己感觉没有必要自卑，相反这成了他学习的动力，让他更有紧迫感。

你同意他的观点吗？

个月的工资买了一台电子词典，对着图纸一字一句地翻译。半年后，冯鸿昌整理出一份完整地标注出各种参数的设备维修中文资料。

经过几年的努力，同事们惊奇地发现，冯鸿昌在外语水平、计算机操作、机械制图和辅助设计 CAD 操作能力方面，都有了质的飞跃。他还考取了高级钳工、高级技师、计算机操作员等多个资格证书，在各种技能竞赛中屡获大奖。2012 年，公司成立了以他名字命名的工作室。在那里，他带领团队一次又一次挑战技术新高度，大幅度提升大型设备的完好率；他在监造数亿元的大型设备过程中，提出近百条整改建议，让外国专家叹服："新一代中国工人也是技术行家!"

学有所思 · 学有所得

随着生产设备和工艺的不断升级，对工人的技术技能要求也越来越高。例如，一些自动化生产线需要掌握数控编程、自动化设备操作与维护等新技能，以适应产业发展的需求。

你认为，新一代工人应该如何适应产业发展的需要?

为了改善码头工人的工作环境和提升传统人工理货模式的准确率，冯鸿昌开始探索理货模式的革新。他通过实时抓拍集装箱图片，根据图片自动识别集装箱箱号等方式，将原本由人工确认的数据交由系统自动完成。此项革新由传统的一人一条作业线，转变为一人多条作业线，码头人员可在办公室进行远程操作，办公条件及安全性得到较大提升，在全国码头得到推广。

台风将至，冯鸿昌在作业现场指挥防台工作

如今，在繁忙的海润码头，多台桥吊起起落落快速装卸着货物，现场却几乎看不到作业的工人。

“这几年，厦门港在全国率先实施传统集装箱码头全智能化改造，现在大部分操作人员在指挥室里就可以调动码头上的装卸设备。”看着大屏幕上显示的码头作业情况，冯鸿昌深有感触。当大数据、人工智能、智能驾驶等前沿技术应用到生产各个环节，冯鸿昌也带领着工友们努力完成从普通码头工人到高技能产业工人的技术蜕变。

“钻研技术就是要对标国际一流，敢于攻坚克难。”冯鸿昌说，“对于产业工人而言，对技术的极致追求，永不过时！”

学有所思 · 学有所得

结合冯鸿昌的成长经历，谈一谈你如何理解“对技术的极致追求，永不过时”。

人物小传

冯鸿昌（1979— ）

厦门集装箱码头集团有限公司党委委员、工会主席，电动装卸机械修理工，高级技师，国家级技能大师工作室领办人。荣获全国劳动模范、中华技能大奖、全国五一劳动奖章、全国青年岗位能手等荣誉和称号。

冯鸿昌是熟练掌握现代化港口机械维修、监造工艺的技术状元，也是全国首个传统集装箱码头全智能化改造项目的实践者。多年来，冯鸿昌工作室发挥国家级技能大师工作室、全国示范性劳模和工匠人才创新工作室作用，推动师带徒，促进技术成果转换，申请发明专利、实用新型专利和计算机软件著作权73项，完成858个技术革新项目，每年为企业带来直接经济效益近千万元。

人生信条里，从来就没有“差不多行了”

从一名普通钳工，成长为全国劳动模范、中华技能大奖获得者，需要多长时间？中国科学院深海科学与工程研究所（以下简称深海所）首席技师周皓给出的答案是22年。在精密加工领域，他保持着零件加工制作零失误的纪录，为中国深海科考创造多项纪录、为国产深海设备突破万米挑战保驾护航。

1999年，周皓从技工学校毕业后，到辽宁省阜新矿业集团机械制造公司当了一名钳工。“我到岗后就下定决心，要做行业内最优秀的钳工。”周皓说。基于对专业的热爱，工作中他主动学习，先后拜了厂内 16 位优秀老师傅为师。哪怕是看似简单的锉削加工，周皓都要练习数万次，用坏近千把锉刀。凭借着这股劲头，周皓熟练掌握了车、铣、镗、刨、磨、焊等多种工艺操作、维修和零部件加工制造技术，练就了过硬的本领。

学有所思 · 学有所得

周皓所学的专业是钳工，但是在上班之后却主动拜师，掌握了车工、铣工等多工种操作技术。

有人说周皓是什么活儿都干的“傻小子”，你怎么看？

2016 年 3 月，即将正式运行的深海所面临专业技能人才短缺的问题，广泛招揽人才。周皓发现自己刚好符合所有招聘条件。于是，致力于寻求技术突破的周皓，开始了自己向深海的远征。

在深海所，周皓主要负责深海科研装备的加工、制造、安装和维修等。虽然机械原理相通，但深海设备与陆地机械大有不同。深海设备在万米以下的海底进行低温超高压的极端环境作业，对材料、加工精度要求很高。而且深海所使用的深海科研装备都是自主研发的，没有定型产品，所以每个零部件都是首件加工产品。周皓介绍：“万米下的海底压力相当于在小拇指指甲盖

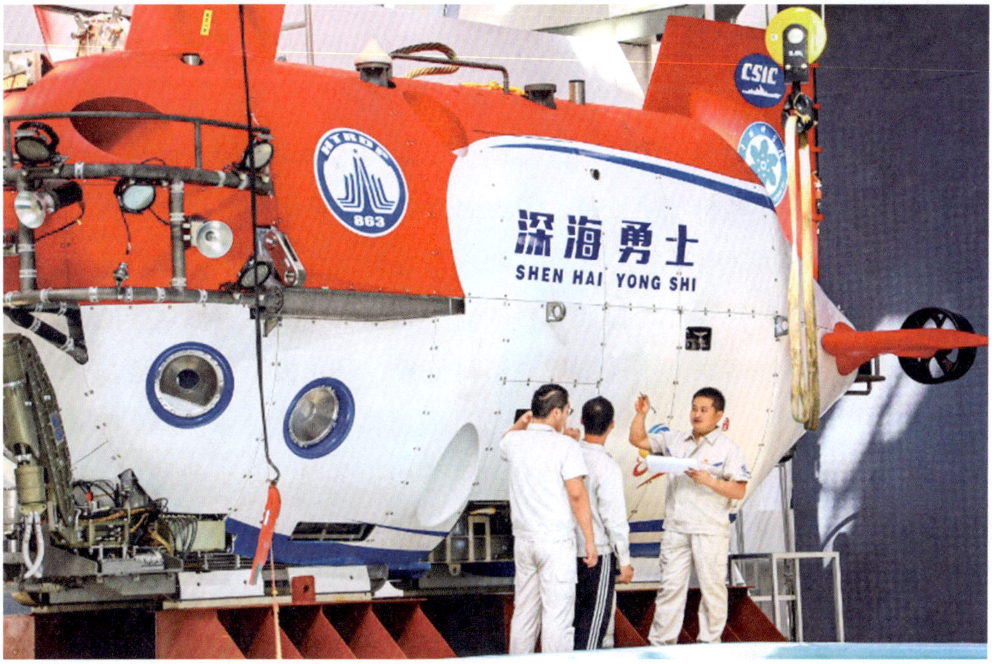

周皓（右一）带领团队成员对“深海勇士”号进行检测

周皓（左二）在“探索一号”船上指挥回收海试装备

儿那么大的一块地方，放上一辆轿车。每一个零部件的加工都需要大量新技术、新工艺、新方法予以支撑，可以说风险大、责任大、难度更大。”为了完成各种高难度任务，周皓找来各种深海装备的技术资料，除了吃饭睡觉，就是在啃这些内容。

深海科研装备安装调试过程非常严格，哪怕一个小细节出现疏漏，都会造成巨大的损失。在安装调试过程中，周皓凭借过硬的技术能力，解决了许多“疑难杂症”。

在一次深海科考中，定时释放器锁紧装置突然出现故障，而当时科考船上没有现成的零件和机加工设备。紧急之下，经过仔细搜寻，周皓拆下了一块1厘米厚的不锈钢电子舱盖板，用40多个小时纯手工打磨，一点儿一点儿将钢板磨成一个替代零件，保证了科考任务的圆满完成。类似这样的突发情况，周皓遇到过许多次，不锈钢板、塑料垫板、尼龙板等都曾被他拿来当作临时加工零件的材料。

在周皓的人生信条里，从来就没有“差不多行了”的想法。周皓对自己手上的活儿，总有一种极致的追求。在他看来，机械虽不会说话，但反应是最真实的。“如果工人干活毛躁，偷工减料，机械寿命就长不了，‘差不多’其实就是差

学有所思·学有所得

在实际工作中，可能会发生许多突发情况。你认为需要具备哪些素质，才能够有随机应变、成功化解危机的能力？

挺多。”周皓说。不论图纸上的数据是多少，加工之前他总要再检验一遍；一个零件哪怕已经加工 10 遍以上，工作时他还是会琢磨哪里能做得更好；细心负责，设备每次都要反复测试……跟周皓合作过的很多科研人员都视他为最佳搭档。

“我们的技术和设备是给科学家使用的，必须保证各项科学实验的顺利实施，这也是工匠精神的体现。既然选择了这份事业，就要投入百分之百的热爱和激情。”周皓说。

学有所思 · 学有所得

结合周皓的话想一想，在类似科考等项目中，技能人才和科学家之间是一种怎样的合作关系？

人物小传

周皓（1980— ）

中国科学院深海科学与工程研究所钳工，首席技师，全国示范性劳模和工匠人才创新工作室领衔人。荣获全国劳动模范、中华技能大奖、全国五一劳动奖章、中国青年五四奖章等荣誉和称号。

周皓主要从事我国自主研发的深海科研装备的零部件加工、制造、安装、调试等工作。他积极主动参与主持技术革新与技术改造工作，解决各种深海科研装备的技术难题 268 项，合理升级改造 216 项。在 3 次马里亚纳远洋科考航次中先后解决各种海试科研装备的技术难题 168 项，合理升级改造 66 项，助力国产自主研发的科研装备取得多项国际、国内第一。在国产 4 500 米“深海勇士”号载人潜水器总装过程中，成功解决水平尾翼安装技术难题。

于微小处见功夫，以巧手匠心编织锦绣

拔管、找头、引纱、插管、提纱……手指翻飞、银丝舞动，一套接头操作行云流水，犹如弹钢琴。纺织状元王晓菲的一手绝活儿，令人赏心悦目。中国是世界上最早生产纺织品的国家之一，早在 2 000 多年前，中国人就掌握了纺织技艺。从古时手工织布纺纱，到如今机器化生产，一代又一代纺织工人共同编织出中国纺织品牌。

2003 年，王晓菲考入德棉技校，毕业后来到德棉股份有限公司细纱车间，成了一名挡车工。在纺织车间里工作并不容易，环境差、噪声大、三班

学有所思 · 学有所得

王晓菲娴熟的技艺给人以超越工作本身的美的享受。正如清代思想家魏源所说：“技可进乎道，艺可通乎神。”这句话的意思是技艺达到极高境界后，就超越了技巧本身的层面，与自然规律或哲学层面的“道”相融合，强调对技艺内在规律的深刻领悟与精神境界的提升，实现从“术”到“道”的跨越。

谈一谈你对这句话的理解。

学有所思 · 学有所得

有了目标领航，枯燥的操练就不再乏味难耐。在点滴积累中，王晓菲的技能水平获得了极大提升。

结合自己的经历，谈一谈你有怎样的职业理想和目标。

王晓菲在车间包卷粗纱

倒，到处飘着微小的“棉花毛毛”，到了夏天，车间内更是高温高湿。细纱挡车工劳动强度大、技术要求高，王晓菲坦言刚开始真有些“吃不消”。父亲给她讲了身边普通工人通过劳动技能比赛，最终成为全国劳动模范的励志故事。联想到厂里也有人凭借出色的技术成为劳动模范的先例，王晓菲意识到，虽然细纱工的岗位平凡，但自己也能在平凡的岗位上通过努力脱颖而出。她下决心要练好操作技能，成为像黄宝妹、郝建秀等前辈们一样优秀的纺织工人。

有了梦想，工作就不再仅仅是简单的机械重复。“同样的动作只要做上千遍、上万遍，总能熟练掌握。成功没有捷径，只有熟能生巧。”回忆起自己苦练技艺的经历，王晓菲这样说。工作之余，她积极向有经验的前辈们请教，认真练好每一个细小动作。凭着坚持不懈的努力，王晓菲逐渐成为车间里的“种子队员”。2008 年，她代表企业参加全国棉纺织行业细纱工职业技能竞赛，并斩获冠军，获得“全国纺织行业技术能手”称号。

新设备和纱线品种不断引进，但纺织工人的操作手法没有先例可循，只能在实践中不断摸索总结。凭借多年的操作经验，王晓菲不断学习钻研，努力创造更先进的工作法，以便更省时、更省力、更高质量地完成生产任务。2007 年，她和同事一起，经过两个多月的反复研究、试验，创造了紧密纺绕皮辊斜接头操作法。应用之后，一个车间的 43 台纺纱车每班用工减少了 6 人，但产量增加了 1 吨多。同时，纱线断头率也降低了近五成。这次成功，让王晓菲感受到

王晓菲辅导徒弟查验纱线质量

了创新的力量。之后，她又积极应变、主动求变，先后创新了食指勾断氨纶丝接头法和罗卡丝紧密纺绕皮辊接头法等 5 项操作法。

“必须保持足够耐心，遇到挫折不气馁、不退缩，正确的改进方法一定会到来。”王晓菲说。除了不断革新工作方法，她还钻研产品研发。由她带头研发的军用服饰纱线和森林氧吧纱线获得国家专利。通过实践得出的结论让王晓菲意识到，传统产业不是夕阳产业，只要坚持创新引领，传统产业也能成为朝阳产业。凭借不断增强的创新实力，现在越来越多的创新纺织产品走向全国、走向世界。

学有所思 · 学有所得

在王晓菲看来，只要坚持创新，传统产业也可以变成朝阳产业，工匠精神也可以在每一个普通的车间里发出光彩。

她的观点给了你什么启发？

“近 20 年的车间一线工作经历让我认识到，工匠精神既存在于高精尖的产业和领域，也在每一个普普通通的车间里发光出彩。”王晓菲说。如今，王晓菲完成了从产业工人到教师身份的转变，肩负起技能传承的时代使命。王晓菲说，她将用行业案例证明技能人才同样能创造高附加值，鼓励学生尊重实践、多元发展。

人物小传

王晓菲（1985—　）

德州交通高级技工学校技能培训处处长、原德州恒丰集团高技能人才教练，首席技师，国家级技能大师工作室领办人。荣获全国劳动模范、中华技能大奖、全国五一劳动奖章、全国三八红旗手等荣誉和称号。

多年来，为了提高企业的生产效率，降低工人劳动强度，王晓菲通过长时间研究和试验，创造出紧密纺绕皮辊斜接头操作法、罗卡丝紧密纺绕皮辊接头法和罗卡丝紧密纺单手接头法等创新技艺，为企业创造了巨大的经济效益。由她领衔创造的操作法，在全国性纺织产业论坛上多次展示，在更多企业得到推广。

素质是立身之基，技能是立业之本。实践证明，不论是传统产业还是新兴产业，不论是工业经济还是数字经济，普通劳动者立足自己的岗位干事创业、不懈奋斗，都能够建功立业，实现精彩人生。新时代，大舞台，人人皆可成才，人人尽展其才。广大青年学子要干一行、爱一行，钻一行、专一行，掌握一技之长，淬炼精湛技艺，践行劳模精神、劳动精神、工匠精神，矢志技能成才、笃行技能报国，书写奋斗的华章，展现朝气蓬勃的青春力量与担当！

知识加油站

职业技能竞赛体系

习得一技之长，走上技能赛场；在毫厘之间切磋技艺，在荣耀之中实现梦想……职业技能竞赛是广大技术工人展示精湛技艺的大舞台，也是培养选拔高素质技能人才的重要途径。20 世纪 50 年代开始，我国就开展了工人技术比赛、技能比武等活动，技能竞赛具有浓厚的历史传统和广泛的群众基础。

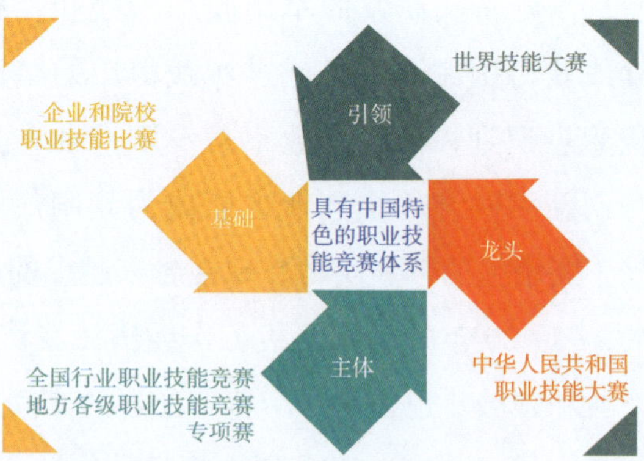

具有中国特色的职业技能竞赛体系

近年来，为了让技能人才一展所长，我国组织开展各类职业技能竞赛等活动，具有中国特色的职业技能竞赛体系已初步形成。以下介绍重点内容。

企业和院校职业技能比赛是指由企业和院校自行组织开展的技能赛事。其中，企业职业技能比赛通常是以岗位技能竞赛和练兵比武的形式开展；院校职业技能比赛通常以提升技能水平为目标，面向在校师生开展。

世界技能大赛由世界技能组织每两年举办一届，这一赛事被誉为“世界技能奥林匹克”，是当今世界地位最高、规模最大、水平最高的国际职业技能赛事，截至 2024 年已举办 47 届。2026 年，第 48 届世界技能大赛将在中国上海举办。

中华人民共和国职业技能大赛是经国务院批准、人力资源社会保障部主办的综合性国家职业技能赛事，每两年举办一届，堪称“技能全运会”。2025 年 9 月，中华人民共和国第三届职业技能大赛于河南郑州举办。

全国行业职业技能竞赛由人力资源社会保障部会同有关部委、行业组织、大型央企组织，通常每年开展一类职业技能大赛 10 项左右、二类职业技能竞赛 60～80 余项，推动各行各业技能人才队伍建设工作。

地方各级职业技能竞赛由各省（区、市）、市、县组织三级综合性职业技能竞赛活动。截至 2023 年底，全国 2/3 以上的省份举办了省级综合性职业技能竞赛。

全国每年有上千万企业职工和院校师生参加各级各类职业技能竞赛，通过以赛促学、以赛促训、以赛促评、以赛促奖，推动技能人才队伍建设取得积极成效。截至 2024 年，全国技能人才总量超过 2 亿人，占就业人员的 26% 以上，高技能人才超过 6 000 万人，占技能劳动者的约 30%，为推动高质量发展、推进中国式现代化建设提供了有力的技能人才支撑。一个覆盖各类职业群体、涵盖各个职业领域的技能竞赛体系，助推大批劳动者撬动命运的齿轮，成为耀眼的技能尖兵、技能明星。

追光足迹

劳模工匠之光照耀成才之路

通过这一单元的学习，我们知道，这是一个人人皆可成才、人人尽展其才的时代。立体化的职业技能竞赛体系为广大技工院校的青年学子展示技艺、施展才华、书写技能改变人生的青春故事构筑了宏大舞台。可以说，技能有多高，人生的舞台就有多大。

请结合自己的专业和兴趣爱好，填写以下表格，为自己设计一份专属的技能成长计划。完成后与其他同学进行分享交流，一起努力成长，做技能成才、技能报国之路的同行者！

基本信息及目标定位

姓名		出生年月	
专业			
目标定位	如通过阶梯式参赛提升技能水平，冲刺校级 / 市级 / 省级 / 国家级 / 世界级奖项		

续表

长期规划（1～3年）			
阶段	时间	目标赛事	能力提升重点
基础期	第1学年		如掌握基础操作，熟悉比赛流程
进阶期	第2学年		如强化精密加工、编程优化能力
冲刺期	第3学年		如提升综合应用能力和心理素质

日常训练计划			
时间	周一至周五	周六	周日
上午			
下午			
晚上			

重点能力提升			
能力项	目前水平	3个月后目标	准备如何实现

实践工坊

记录身边的劳模工匠

一句句朴实的话语、一份份真挚的情感、一个个动人的故事，在面对面的交流中碰撞出梦想的火花。近年来，为充分发挥广大劳模工匠以及各行各业先进人物的榜样引领作用，给在校学生提供近距离接触劳模工匠、感受榜样示范的机会，“劳模工匠进校园”活动在全国大中小学中得到广泛开展。活动中，学生们通过与劳模工匠面对面的交流、心连心的倾听，体会劳模工匠于平凡中创造伟大的奋斗故事，从中汲取力量、产生共鸣、收获成长。

其实，在我们的身边，也有许许多多的劳模工匠，他们也许没有聚光灯照耀，也许没有鲜花掌声簇拥，但依然在自己的工作岗位上，践行劳模精神、劳动精神、工匠精神，创造不平凡的价值。相信每位同学心中，都有自己尊敬的劳模工匠。为了深入挖掘劳模工匠故事，展现其风采与精神内涵，锻炼同学们团队协作、视频制作能力，请在老师的指导下，结合自己所学的专业领域，围绕“我身边的劳模工匠”主题，以小组为单位开展短视频拍摄活动。

一、活动描述

通过拍摄“我心中的劳模工匠”短视频，记录与所学专业相关的劳模工匠的劳动故事，并分享自己的思索和感悟。

二、活动要求

1. 主题明确：短视频需围绕“我身边的劳模工匠”进行拍摄，展现劳模工匠的精神风貌、职业成就及励志人生。

2. 内容真实：素材源于真实场景，如实记录劳模工匠的工作、生活、劳动状态，保证情节、话语真实可靠，避免夸大或虚构。

3. 创意新颖：鼓励各小组采用多样化的拍摄手法和叙事方式，使视频内容生动有趣，易于传播，时长控制在3～5分钟。

4. 团队协作：每个小组成员都要积极参与，共同完成任务。

三、人员安排与任务分工

组内分工	姓名	职责
项目指导		负责整体策划和进度监督，提供技术支持和反馈
项目统筹		负责协调组内成员，统筹任务分配，推进计划
脚本撰写		负责撰写脚本文案，指导现场拍摄，确保内容符合主题
视频拍摄		负责设备安排、视频拍摄，确保画面连贯、节奏适宜
后期制作		负责视频剪辑、音效处理、字幕添加等工作，提升观赏性

四、成果展示与评价

1. 班级汇报：各小组向全班同学展示短视频作品，分享收获和体会。

2. 评奖评优：师生对短视频作品进行投票打分，评选出优秀作品。

3. 线上传播：将优秀视频作品上传至线上平台。

劳模工匠之声

亲爱的同学们：

在这本教材付梓之际，我们欣喜地看到，10余位劳模工匠在逐字审读教材内容后，满怀热忱地写下了自己的心声。他们将匠心之道和人生感悟融入文字，既是对劳模精神、劳动精神、工匠精神的生动诠释，更是对新时代技工院校学子成长成才的深情关怀。由衷分享、谆谆教诲，这些肺腑之言不仅是劳模工匠们对专业经验的总结，更是对大家的殷切嘱托。

希望这些凝聚着汗水与智慧的体悟，照亮你们技能探索的征途。愿你们追光而遇、沐光而行，在阅读中汲取力量，在学习中掌握技能，在实践中传承匠心，以劳模工匠为榜样，书写属于自己的技能华章！

—— 编者

执着专注作为前提，如同指明方向的灯塔，让工匠们在纷繁复杂的世界中锚定目标，心无旁骛地投入工作。精益求精是核心，驱动着工匠不满足于“差不多”，而是追求极致的完美，不断打磨技艺。一丝不苟是精髓，要求对每个细节都保持高度的严谨，不放过丝毫瑕疵，这是产出高品质成果的关键。追求卓越作为目标，激励着工匠持续突破自我，超越平凡，攀登行业的巅峰。

这些品质相互交织，为成为杰出技术技能人才奠定坚实基础，帮助他们在技术领域深耕细作，实现从优秀到卓越的蜕变。

—— 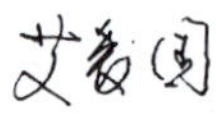

无论从事什么工作，我们都要练就一身好技能，成为行家里手，只有这样才能在工作中勇敢解决意想不到的困难及挑战，让我们的人生更有价值！

—— 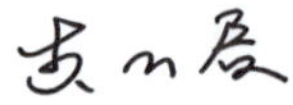

我刚入职时，只专注手头的重复性工作。工作久了，我看到师傅们在工作中把小想法、小思路变成了解决工作瓶颈的实实在在的技术，大大降低了生产成本，提升了工作效率。

我感受到，只要肯动脑，我们都可以成为技术创新的主角——小创新，大作为。创新没有捷径可走，只有专注其中，不断破题，才能在工作中体验创新的乐趣。

这就是我从按部就班到主动破局的过程。

——刘伯鸣

创新研发很少有一蹴而就的，更多的情况是经历反复和失败。在不断突破瓶颈的过程中，既需要持续提升专业知识，更需要锤炼坚强意志，不断设立新的目标，追求更高层级标准，才可能成就精品。

——刘丽

那些能够利用多种技能和丰富知识解决复杂问题、能对问题真因进行细致缜密分析、能够洞察到问题微妙变化细节的复合型人才不易被取代，也就是说丰富的实践经验、多年积累的解决问题的能力和阅历是不可被替代的。

——李凯军

说到技术工人的成长，我认为就是要以勤补拙、精益求精、敢于创新。同时能吃苦、爱钻研，遇到问题就要狠下心来研究，哪怕吃住在生产一线也要弄明白、搞清楚。练得熟了，就容易发现生产的问题出在哪儿；会得多了，就自然想到通过创新的办法破解难题。创新就是敢于挑战极限、挑战不可能、挑战自己，要做到感动自己、做到倾尽全力。

——潘从明

作为一名一线工人，我深知只有比别人更早行动、更勤奋付出，才能缩小差距。我常以“龟兔赛跑”自勉：速度的快慢从来不是胜负关键，真正可怕的是丧失继续前行的勇气，持续努力终会带来质变。我始终相信：先天不足，后天可补；起点落后，勤能追赶。如今，我从普通操作工成长为技能骨干，但“先飞”的初心未改。未来，我仍将以“龟”的坚韧、“笨鸟”的勤勉，在平凡岗位上飞向更远的天空。

——洪家光

作为技术工人，我们不管做什么事，都要尽可能地用自己的方法、技能、技巧把事情做到最好。要想把事情做到最好，首先要了解自己本身的能力和现有工具的能力，把自己跟工具结合起来，巧妙运用，就能超越自我，就能做到“人刀合一”。

“人刀合一”其实讲的是工匠精神，要求自己工作的时候，用自己的能力水平把工作（工件）做到最好，精益求精、追求极致、勇于创新、持之以恒、超越自我！

——

做厨师这行，你必须要跟着这个时代走，要与时俱进，否则就是不进则退。择一事、终一生，不为繁华易匠心。我的人生就是这句话最好的写照。

——

中华民族在悠久的历史进程中，创造了我们灿烂辉煌的民族手工艺文化，同时，民族手工艺也承载着我们民族深厚悠久的历史和文化底蕴。

做手工艺术要坚持走自己的道路，其实就是守正与创新，就是在传统技艺的基础上，对作品的题材、创作技法等进行创新，并在作品中融入个人的审美观念和情感，赋予作品更多的文化内涵等。这不仅是对个人艺术风格和创作理念的坚持，更是对传统手工艺文化的传承和创新，是对工匠精神的坚持，在一定程度上，就是坚持我们的民族文化，树立文化自信。

——

学习不能只看表面，拿绣娘们学习鬅毛针针法来讲，要仔细观察动物毛发肌理，弄懂针法的底层逻辑，做到心中有“图”后反复实践，才能掌握精髓，只靠苦练是不行的。

——

这些年，党和国家特别重视中华优秀传统文化和传统技艺的传承与弘扬，尤其注重对年轻人的培养。非遗技艺走进了校园，比如有些学校开设了工艺美术专业，还有些学校邀请非遗大师们走进中小学课堂，让孩子们从小接触非遗，更好地传承。同时，每年的展会、宣传和媒体都在助力非遗走进人们的生活。在传承创作上，非遗技艺的传承者们也融入了时代理念，让非遗更符合当代审美，吸引更多年轻人。看到非遗被大家喜爱，我们传承人特别高兴，希望这些非遗技艺能一直传承下去。

——

教学环境和工作环境存在差异，认可度的差异，工作中需要你用技术和工作能力提高他人对你的认可度。

技能学习者可以利用寒暑假期、岗位实习期到与所学专业对口的企业实习。

—— 

产品是满足需求，而作品更是一种精神追求。

在制造业，产品有时就是使用规定的设备设施和标准方法、按图纸尺寸公差造出来的零件，对于操作者来说只要学会设备操作，按照流程加工就可以了。而作品呢，是在掌握所有加工原理后，追求更好、更独特的加工方法和先进加工技术。为了完成这一目标，茶不思、饭不想，不管是在工作中，还是工作后，甚至在梦中都会为了这一目标探索。可能就是因为某种触动导致灵光一闪而解决了问题。这种从灵感中获得的方法是可遇而不可求的，在教科书中是找不到的，大多数也不是通用的。

—— 

师傅告诉我掌握技术就一定会有立足之地！这让我找到了努力奋斗的方向。“知识、技术、创新”是我始终坚持的信念，只要努力学习，追求极致，终能用知识搭起通向未来的阶梯。

—— 

刚入职纺织厂时，面对高温高湿、枯燥的环境，我曾想放弃，也向家里抱怨过。在我参加了全国劳动模范的事迹报告会后，我忽然意识到原来纺织工人也能通过努力获得成就。

我开始付出更多努力：下班后留在工位练兵，夜班后背诵理论知识，工资大多用于买学习资料，生活简单到只有车间、宿舍和食堂。虽然自己也觉得苦，但是这份坚持终于换来了公司操作比赛冠军、全国棉纺织行业细纱职业技能竞赛的双料冠军……

这段经历让我明白，有了目标，枯燥的操练也会变得有意义。只要耐得住寂寞，不断钻研总结，就能实现梦想。

—— 

后　记

《劳模工匠之光》收录了10余位劳模工匠为技工院校学生撰写的“劳模工匠之声”内容。有20余位劳模工匠为本教材提供了配图，摄影师翁叶俊、张桅等为本教材拍摄了部分照片。

本教材在编写过程中，参阅了大量历史资料和权威媒体报道；本教材收录的劳模工匠及其所在单位，多次精心审阅相关内容，提出了宝贵修改意见和建议，他们的付出为本教材的进一步完善提供了有力保障；对本教材的编写、出版提供过帮助的同人和社会各界朋友还有很多，在此一并表示诚挚谢意。

为方便教师教学，本教材配套资源可登录技工教育网（https://jg.class.com.cn）下载使用。

由于水平所限，教材中可能有疏漏之处，敬请专家学者和广大师生在使用过程中提出宝贵意见，以便我们今后加以修订完善。请将相关意见和建议反馈至邮箱 ggk@class.com.cn。

2025年6月